智慧·励志经典丛书

智慧方与圆

李想 编

北京师范大学出版集团
BEIJING NORMAL UNIVERSITY PUBLISHING GROUP
安徽大学出版社

图书在版编目(CIP)数据

智慧方与圆/李想编. —合肥:安徽大学出版社,2011.10(2013.10重印)
(智慧·励志经典丛书)
ISBN 978-7-5664-0327-8

Ⅰ.①智… Ⅱ.①李… Ⅲ.①人生哲学—通俗读物 Ⅳ.①B821—49

中国版本图书馆CIP数据核字(2011)第209759号

智慧·励志经典丛书

智慧方与圆

李想 编

出版发行:北京师范大学出版集团
安徽大学出版社
(安徽省合肥市肥西路3号 邮编230039)
www.bnupg.com.cn
www.ahupress.com.cn
印　　刷:中国科学技术大学印刷厂
经　　销:全国新华书店
开　　本:170mm×240mm
印　　张:13
字　　数:226千字
版　　次:2011年10月第1版
印　　次:2013年10月第5次印刷
定　　价:25.00元
ISBN 978-7-5664-0327-8

责任编辑:鲍家全　　封面设计:奚　波　　责任印制:陈　如

版权所有　侵权必究
反盗版、侵权举报电话:0551—65106311
外埠邮购电话:0551—65107716
本书如有印装质量问题,请与印制管理部联系调换。
印制管理部电话:0551—65106311

前言

当今之世，要想成为一个成功者，必须精通做人做事的谋略。但大多数人不得其真谛，以道听途说为学问，以使巧弄诈为智慧。实践表明，要追求大成功就要有真正的智慧——大智慧。

人生充满着挑战，在挑战中追求人生的成功，是一种实现生命价值的至高境界。然而，在这个世界上，大多数人只知道羡慕别人的成功，而轻视了自己的能力。其实，人生的成功不能等待着别人的施舍和神灵的恩赐。命运在自己手中把握着，成功必须靠你自己去努力开创。而机遇并不好把握，它总是悄悄地降临到你的身边，如果你稍不留心，它就会翩然而去。因而，你应该学会用一颗热情的心对待生活，用一种智慧的眼光去发现机遇。只有这样，你才能够寻找到一把开启成功之门的钥匙。

本书荟萃人生事业的成功智慧、使你幸福的生活智慧，融汇成《智慧·励志经典丛书》大智慧。一篇篇蕴涵着生活和成功智慧的文章，犹如幸福人生的智慧锦囊，读后掩卷沉思，顿时让你看透人生的迷雾，洞察世事，练达人情，懂得成功之道，每天都有好心情和好状态。

本书将教你如何成功地做人做事，如何保持好的心情和状态。书中理论精辟，取材广泛，故事生动，说理透彻，涵盖了与人交往、方圆处世、诚实做人、精明做事等内容。人生不总是风和日丽、事事顺心，当你在困惑失意的圈子里迷转流浪时，希望这本书能够给你智慧的点拨，使你重获信心和勇气。生活中忙碌的你需要心灵的小憩，更需要成功智慧的方法与捷径，而本书则恰似成功者的圣经、好心情的当铺，品读这些励志文章，能够帮你把郁闷和不快抛到九霄云外，而把成功留下，让好心情永远伴你左右！

这些包涵人生智慧的励志文字，犹如轻抚心灵的缕缕清风，让你瞬间领悟人生的真谛，平淡对待得失，超然面对繁华；畅达时不张狂，挫折时不消沉。在人生的历练中涵养从容的定力，在潮起潮落的人生戏台上，举重若轻，游刃有余。

有《智慧·励志经典丛书》在手，它会为你指点迷津，让你成功的信心和勇气倍增，一生如踏马平川！

目 录

“方”是做人之本

“圆”是处世之道

“方”与“圆”通融的工作方法

“方”与“圆”融合的生意之道

掌握人性乃万“圆”之源

掌握进退的艺术与分寸

说话方与圆的方法

“方”是做人之本

一个人要干出一番事业，要真正懂得为人处世之道，要得到快乐生活的真谛，最重要的，就是要具备优秀的品质。实际上，谁不向往品质优秀呢？我们都想气质美好，都想富有魅力，都想心智成熟，而这些在很大程度上是由品质决定的。

人生幸福在选择

许多人都在有过一点点幸福的感觉之后，就紧抓着这点儿幸福不撒手。还有些人一发现自己有快乐、幸福的感觉之后就感到奇怪，想知道是不是什么地方出了毛病，并开始怀疑这种感觉能否持久。在百老汇曾上演过这样一出戏：戏中的女主角走上舞台（当时她刚度完蜜月归来）说，她觉得自己太幸福了，以至于她“想死”。请你想象一下……有那么一个人，她在追求幸福……现在她得到了幸福，她想死。这是对这种最伟大的力量——选择的力量的多么可怕的滥用啊！我们眼中所见的幸福那么少，还有什么好奇怪的吗？拥有幸福的人感到的是一种强烈的恐惧以致他们不能把握住幸福，他们几乎是在获得了幸福的那一刹那就失去了它。

一个年轻人曾讲了这样一个故事。他说：“我曾和一位年轻姑娘谈恋爱。我们彼此颇有好感。我们决定订婚。订婚时我们觉得非常幸福，于是我们决定用婚姻将这种幸福推上顶点。我们结婚了。我们商量着买下了一幢虽小但很可爱的公寓房子。实际上，所有的朋友都嫉妒我们的房子。我妻子出去工作，我也出去工作。我们有一辆车，并且在银行里存了一点钱，我们确实像生活在人间的天堂一样。但是，在我和朋友聊天时，他们似乎都觉得这种生活不会长久。他们对我说：‘看看琼斯两口子，刚结婚的那几个月他们多幸福呀！再看看现在，他们却有了那么多的麻烦和烦恼。看看史密斯一家，他们也曾一度很快乐。你再看看现在他们生活得多不快乐！’这样的话我听得太多了，以致我觉得他们过的是一种正常生活，而我和我太太过的却是一种不正常的生活。这让我们感觉这种人间天堂般的婚姻生活就像一只气球一样，随时都会破碎。我每次和一个持‘这种生活太美好了所以不能持久’的人聊过之后，回家后我都会向我的妻子讲些类似的话。亲爱的，我们的生活是不是太美好了？这种日子大概长不了。我们简直就像生活在天堂里一样。这样的生活不太可能继续下去。没过多久，这样那样的事情就开始发生了。我妻子失去了工作，我也失去了工作。我们不得不卖掉我们的车，我们不得不放弃那幢漂亮的小公寓，我们不得不回家和我母亲一起生活。最糟糕的是，我妻子自己也成了母亲。假如每次你刚把形势扭转过来，就会发生点儿什么事把一切又毁掉的话，活着还有什么意义呢？”他想，如果这就是生活的话，那么不如现在就将它结束掉。

这位年轻人不知道，如果你能运用自己的潜力，不去相信“没有任何东西会因为其美好而不会长久”，生活中的一切对你来说都会变得顺利而且美丽，甚至比你梦想的还要甜蜜。

许多人在生活“太顺利”的时候，会感到无法承受。他们渴望刺激，他们选择了刺激，这种选择将他们带入一个困难重重的境地，然后他们说“这就是生活”。生活本身并没有产生这种困难，困难在于我们自己错误的选择，给自己带来了麻烦。

最大的宗教领袖之一、某大教派的首脑曾说：“如果世界上其他人都不快乐的话，我又怎么可能快乐？”这位领袖是个有智慧的人，他提出了一个很有意思问题。然而，如果我们看到没有人活得快乐，就得出结论说生活本来就不是让人快乐的话，当我们度过一段短暂的快乐时光的时候，我们就会不可避免地得出结论：这样的快乐时光本来就不可能长久。但是，如果他说：“看看我……看看我生活得多么快乐……如果你们按照我的教导去做的话，你们也会像我一样快乐。”那么，他的千百万追随者们就会觉得快乐是件很自然的事情，而且，至少世界上的这一大教派会拥有千百万快乐的教徒。在这里，我们再一次发现，一个人可以改变一大群人，他会影响到千百万人的生活。我们有许许多多的新发明，以前从来没有人想到过。同样地，在弗洛伦斯·斯科沃·辛站出来说“没有任何东西会因为其美好而不能长久”之前……人们都觉得幸福不可能长久……因为几乎没有人能证明这一点，这位伟大的宗教领袖有选择的力量。他选择了相信因为世界上其他人都不快乐他也不可能快乐。有什么东西阻止他选择为他的追随者们树立一个生活幸福的榜样吗？没有，除了他自己。

对个人来说极为普遍的情形，对整个国家来说也是普遍存在的。有许多人都还记得国家经济顺利发展的那段时期。那时候，几乎所有的人都有工作，失业率非常低。人人都在抢购新款轿车，股票价格也很高，房地产价格飞涨，似乎每个人都在赚钱。那段时间好像大多数人都极为走运。在一段短暂的时间内，世界仿佛处在了有史以来的鼎盛时期。但是，有许多人，包括穷人、富人、弱者、强者，从社会最底层到社会最高层，他们都开始感到这段时期是如此美好以至于它不可能长久。渐渐地，这种想法开始深入到每个人的头脑中去，事情开始起了变化，他们变得谨慎起来，股票开始下跌，银行开始倒闭，到处都是黑暗与绝望，再看不到其他东西。一个昨天还繁荣昌盛的国家顷刻间被推进了萧条的低谷，这一切只是因为所有的人都觉得如此美好的时光是不会长久的。

人必须意识到生活中最重要的东西是生命。因此，他首先要对他所拥有的生命负责。如果他对生命给予仔细的照顾，生活就会变成他所向往的样子。如果他忽视自己的生命……生活就会以一种他所不希望的样子出现。在上帝给了人生命以后，怎样按照自己认为合适的方式去面对生活，就是人类自己的事情了。

有一首小诗能给予我们启示：

我到这个世界上只有一次
能做的好事
现在就做
能给的帮助
现在就给
——无论是对谁
让我现在就做吧
不要拖延
也不要忽略
因为
我到这个世界上只有一次

无规矩不成方圆

什么样的生活才算是真正的生活？人生的面具什么时候才会被揭去，露出人生的真相、人生的真谛呢？

我认为只有在下面种种情形下，才算得上是真正的生活。

1. 有活下去的信念，不自暴自弃，工作使你觉得生活很有意义。你爱人家，人家也爱你。

2. 收入虽不多，但支出不会超过收入。把自己看得轻些，从帮助别人中获取快乐。

3. 懂得如何充分利用时间，而不是消磨时间。所求于社会的不多，而且热爱他人，帮助他人。

4. 好好度过今天，让昨天消逝，不空等明天的来临。

5. 极目远望天际，深感自己渺小。对自己充满信心、希望和勇气。

6. 懂得每个人都同我们一样高尚，一样拥有人生的烦恼，一样孤独，因此学着原谅并善待自己的伙伴。

7. 懂得每一天就是一段短暂的生命，时间一天天过去，便不再回头。

8. 同情人家的悲愁，甚至失误。知道当我们的内心斗争非常激烈时，正是对手占据优势之时。

9. 懂得如何交友，不管哪一方有错，都能继续维持友谊。

10. 懂得自己如何活下去，也懂得让人家也活下去，并帮助人家活下去。日常待人接物要尽量和蔼。

11. 读几本伟大而蕴含着美、坚毅和远见的书籍，将它们作为自己在人生旅途上的向导和伴侣。

12. 读懂一本最伟大的书籍，并照着去做，让它的力量温柔和平安地进入我们的心坎。

13. 懂得如何学习成功者，把渺小浮躁的自己，交托给那些懂得人生意义和价值，并让你崇拜的人。

14. 懂得如何扬弃人生中的渣滓，让它们不像长满毛的果实一样黏着我们，也不像蜜蜂一样刺着我们。懂得如何淡忘那些使我们后悔的事情。

15. 懂得如何松懈、屈尊，如何缓和紧张的生活，如何独处而不感到孤独或畏惧。

16. 懂得如何退出自己的小圈子，进入他人的生活圈子，站在他人的立场，为他人设身处地想一想，因而分享合群的生活。不要常照镜子，那样只会看见你自己。而应多看窗外，这样你才能更多地了解他人。

17. 懂得我们是同在一条船上，一个人受伤害，其他的人也会难过。所谓大众福利，就是要求每个人都受益。

18. 懂得公共的罪恶，有些也是社会的责任，因此我们不能视而不见、袖手旁观。必须尽自己全力，投自己一票，来根除社会的不良风气。

19. 懂得如何谋生，也懂得如何度过一生。要把自己奉献给伟大的目标，不计报酬。

20. 无论是与男人、女人，还是孩子接触，都要弄懂对方的心意。

21. 懂得如何不被恐惧、愁绪与烦躁等困扰，而能卓然屹立，不受干扰，生死俱无所畏。

22. 当我们不得不面对人生的打击时，能不致晕倒。能忍受失败而不沮丧，因为我们不愿为某一件事所困，而从人生的战场上败退下来。

23. 懂得如何奉献自己，宽恕别人。心里常存感激，不要以为一切都是理所应当的。

24. 喜爱花卉的幽静之美，鸟儿歌唱的清纯之妙，以及黄昏的温存和祝福。

25. 音乐使我们入梦，单纯的善行使我们感动，从孩子的笑声中拾回失落的欢乐。

26. 懂得如何追求快乐的艺术，在人生卑微的辛劳中仍能心志高昂，化工作为乐事。

27. 当玉树凋残，夕阳西沉，流水呜咽时，我们不要难过，而应该像想起了逝去已久、为我们眷恋的朋友一样。

28. 看到路旁一潭污水，要能想到出污泥而不染的性格。当我们看到一个身陷罪恶深渊的人时，也要想到罪恶以外还存在着人性，因此不能认为他无可救药而抛弃他。

29. 不管你所信的是什么，采取的是哪一种方式，只要这种信仰能帮助人们找到人生的意义，我们总可以找到一些善的本质。

30. 我们要赞扬人们已有的成就，而不批评人家做不到的事情，因为没有一个人是全才，没有一个人能行万事。

31. 宁愿被自己敬仰的种种事物所驾驭，也不要被讨厌的事物所左右。要尽量从别人身上寻找优点，如果有人议论他如何如何恶劣，应当常常想想他也许未必坏到如此地步。

32. 懂得如何爱人，如何默祷，如何保持欢笑，并为他工作。

愿我们常常用这 32 条人生的准则来反省自己，并以此自勉，努力实现人生的价值。

选择你的性格

人生最大的问题之一就是性格问题。各种性格似乎总是在不断地发生冲突。我们一生中许多的困难和麻烦都来自性格，因而人们不能彼此和睦相处。家庭破裂、友谊中断，出现不计其数的就业难题，甚至战争的爆发也是因为不同国家在某个问题上的看法不一致。

本杰明·富兰克林曾经奇怪地开始觉察到他正在不断地失去一些朋友。

他开始意识到他在不断地与人发生争执，他就是和人相处不好。有一天，大概是快到新年了，大家都在制定新年计划。富兰克林坐下来，开出一张清单，清单上列出他所有让人讨厌的性格，并对这些特点进行编排，把最有害的一个放在清单的第一位，然后依次排下来，害处最小的排在最后。他决定要一个一个地改掉这些讨厌的性格特点。每次他发现自己已经成功地改掉了一个坏毛病的时候，他就把这个毛病从清单上划掉，直到清单上所有的坏毛病都划完为止。他成了全美国人格最为完美的人之一，每个人都尊敬他、崇拜他。当法国需要帮助的时候，他们将富兰克林派到法国去。法国人是那样地喜欢富兰克林，以至于他要什么，他们就给他什么。今天几乎在所有关于性格塑造的书中，你都会发现富兰克林的名字，他被当做这方面最杰出的例子来引用。

许多人在生活中都会面临这样一个问题——失去自己所爱的人。有许多人在失去母亲、父亲、兄弟、亲近的朋友之后变得非常伤心，以致生活对他们来说已经变得毫无意义。如何使活着的人的生活恢复平静呢？

给大家讲一个真实的故事：在“大赛”开始前一周，一个大学的足球明星失去了他的母亲，教练不知道该怎么办才好，他以前从未遇到过这样的事情，最后他决定把这件事留给这位年轻的球星自己处理。如果小伙子决定参加比赛的话，对教练来说那当然再好不过；如果这个年轻人觉得这种打击对他来说太大并决定不去参加比赛的话，那么教练也会尊重他的决定。比赛到了，球队站在场地上，那位年轻的球星也在其中。当球队开始进行一些例行练习时，这位年轻的球星朝看台走过去，他站在那儿。看台上第12排有一个位置是空的，座位被人用黑纱盖了起来。这个年轻人站在那儿，注视着那个蒙了黑纱的空座，说：“妈妈，这场球我是为您踢的。”然后，他加入到比赛中去，和他的队友们一起为自己的队伍赢得了胜利。

这个故事清楚地阐释了选择的力量。这个年轻人本来可以坐下来开始哭泣，他可以使自己成为所有队友同情的对象，他可以使大家都感到非常难过，以致整个球队都会受到影响甚至把比赛打输了，但是他选择了一种对大家都有益的方式。他从中受益了，他的球队从中受益了，而他的母亲，不管这是一位什么样的母亲，也一定会真正地为自己的儿子感到骄傲。

不久前报纸上刊登了一篇文章，说政府有意把某条街道改造成一条林荫大道。计划制定好了，每个人都坐下来，等着权力机构发布命令，开始对这条街道进行必要的改造。这将是一条耗资百万美元的大道。但是，出了一些问题。政府官员们发现继续进行该计划是“不可能的”，于是，这个改造街道的计划就被搁置起来了。但在这条大街住的一个人决定做些事情来改变它。他想，如果政府官员们不再打算美化整条大街的话，那么他至少可以美化他自己门前的那一段。他这样做了。他门前的那段路成了整条大街上最引人注目的景色之一。他的邻居目睹了他所做的一切之后也开始美化自己的地盘……每个邻居都这样做下去，直到整条大街看起来像一条“百万美元大街”为止。谁促成了这件事？实际上只有一个人。他选择了带头这么做，于是每个人就都跟着他这么做了。

如果我们意识到，两个人生活在一起总是难免有不同意见的话，那么有了分歧你完全可以接受，这样婚姻会让人变得愉快得多，家庭生活也会变得有意义得多。员工之间的意见分歧是如此之大，以至于成千上万的人在工作时感到很不愉快。很多人可以许多次地发现他们喜欢他们的工作，他们喜欢周围的环境，他们对薪水感到满意，但是无法和某些人共事。许多人不断地改换工作，只是因为和别人意见不一致。如果这些人愿意运用这种最伟大的力量——选择的力量——并且以一种不让人讨厌的方式表达自己的不同意见的话，他们就会发现他们要生活得比现在快乐得多，当他们投入工作的时候，他们的感觉也要舒服得多；当他们跟人交往的时候，他们也会表现得自在、轻松得多。他们会觉得肩上卸下了一副重担，因为他们将不再需要同周围的人、事作斗争。相反地，他们会更愿意去理解别人，去倾听别人的意见。

如果你去听交响乐，或者在电视上看一个大型交响乐团的演奏，你能看到什么？一百多个人同时演奏一支大型曲子。如果你观察得再仔细一些，你就会发现许多不同的乐器。在演奏过程中，每种乐器都发出一种特有的声音，为整支曲子的演奏贡献一份力量。每个演奏者都是在为整体的良好效果而演奏，没有冲突，所有的一切都显得很和谐。每一个演奏者都希望这支曲子成为他演奏过的所有曲子中最辉煌的一支。每个人都力求在演奏完美的过程中感受到一种快乐。当这支曲子的演奏快要结束的时候，每个人都从心底升起一股自豪感。

如果更仔细地去分析一下这个大型交响乐团的演奏的话，你会发现，每个人都选择了在这个乐团演奏，每个人都选择了用他所用的乐器演奏，每个人都选择了和其他人保持一致，每个人都选择了能做多好就做多好，每个人都选择了跟着指挥棒走，因为在演奏过程中，它自始至终起着引导的作用。

做人要尽忠职守

金钱是与劳动自然结合的。换句话说，就是你必须尽忠职守，努力工作，付出劳动，才会有可能和金钱结缘。当你开始工作时，应该这样想：“假如完成这项产品，将会带给人们多大的快乐，会给多少个家庭带来方便，使妇女们有更多的时间去做她们喜欢做的事。”

松下先生曾回忆自己的经历：

当初我工作时，根本没有想到要成为一个大资本家。我只是每天竭尽全力地工作，终于有了今天的成就。我从事这项工作，起初只是为了生计而已。那时我的家境贫穷，为了生计，非靠自己的劳动不可。可是，我的身体非常虚弱，无法胜任伙计的工作。日薪还不够吃药的钱，因此，我便在家中从事工作，求得温饱。虽然这只是个小小的希望，却是相当重要的决定。这是我开始独立创业的第一个理由。

当我自己经营事业时，才深刻地体会到童年时期当学徒所得到的一些教训，那就是“顾客至上”。换句话说，必须以诚待人，不赚取暴利，但也绝不做亏本的生意。

通过积累利润，不断地扩大事业，最后发展成今天的松下电器公司。如今，虽然有很多人认为我已是成功的经营者，其实，当初我从来也没有想成为富翁，或是大事业家。

起初，做生意时我只想到要如何才能生存下去，我只抱着不欠缺今天的衣食便感到非常感激，或是即使休息一两天，生活也不会陷入困境的念头。我只是踏出了非常平凡的第一步而已。

第二步即是非常平凡的诚实的步伐。假如你是一位靠薪资生活者，当你踏出了第一步，就必须尽忠职守，努力工作。

当我一步步向前迈进，而在跨入第三、第四、第五步的同时，四周已经聚集了一小群人。

为大众的将来着想是我的责任，我的事业便是为了这些人而创立的。

为社会和国家着想，必须让员工过着更美好的生活，并且制造出有利于社会和国家的产品。我所经营的事业非常微小，却是公众的产物。就法律而言，它是我个人的企业，但是本质上却是属于社会大众的。

到目前为止，我一直是个勤勉工作的商人，身负为社会和国家效力的使命，孜孜不倦地经营事业，因此才能达成这种精神上的改变。

假若世上的必需品都能像海水一样的充沛，那么我们便不会过着贫苦的日子了。虽然事实与理想有一段差距，可是，我会根据社会的要求，不断地推出各种有益于社会的产品。

遵循这种观念，我得到了勇气与正义感，并且产生克尽职责的决心和希望。

要有天地一样宽广的胸怀

在生活中事事如意是不可能的。人在受到外来的羞辱时，需要心胸宽厚。心胸宽广的功夫是成大事的基础。

褚裒是东晋时有名的大将。有一次，他乘船送客往浙江，夜晚投宿在钱塘县的驿亭中。当时钱塘县令也正送客过江，来到驿亭。亭吏因为不知道褚裒的身份，为了接待县令，就把褚裒赶了出来。出门在外就得受委屈，褚裒阅尽世态生相，一看就心里有数，泾渭分明，犯不着跟亭吏过不去，于是褚裒采取了“圆”的策略——悄悄卷起行李到江边的牛屋住下。

不久，钱塘潮水涨起，县令沈充观潮来到此处，远远望见牛屋下竟住着人，感到非常惊奇，忙问下属是谁。亭吏不敢隐瞒，回答说："昨天有一个北方人来投宿，因为你们这些贵宾驾到，所以把他暂时安置在那儿住。"

沈充当时微微有些醉意，所以想开个玩笑，他叫道："嘿，北方佬，过来吧！快快报上你的姓名，我可以给你一些饼子吃呢！"当官的对平民百姓无礼是常事，但如果是宦官侮辱外戚，文官蔑视武将，一般是会生出风波来的，甚至互不相让，一直到皇帝那儿，就会弄得朝廷不得安宁。

褚裒地位虽不高，大小也算个人物，受到别人的轻视嘲弄，心里不大高兴。他心里想：上梁不正下梁歪，有什么样的上司，就有什么样的下属，瞧沈县令那个粗鲁样子，也难怪会有亭吏这样的恶吏了。他心里骂着，嘴上还是彬彬有礼地回答："我是河南的褚裒。"根本没提起被驱赶的事情。即使介绍自己，也只是淡淡的几个字。话语的效果往往跟它的长短成反比，褚裒一下子把沈充镇住了。

沈充早就知道褚裒的大名，现在把褚裒得罪了，很希望褚裒能责备那个该死的亭吏和自己一顿，这样才好趁机下那难堪的台阶。但褚裒站在一旁不开口，沈充要鞭挞亭吏也被他制止了。于是沈充只好吩咐手下杀鸡宰羊，备妥丰盛的酒宴款待褚裒，请褚裒赏脸，褚裒毫不迟疑地答应下来。沈充知道他对自己一定有看法，但不好直接问他，所以只有更加小心地赔不是、劝酒。

有人把褚裒的做法叫做"皮里春秋"。意思是：尽管心里对别人有自己的看法和评价，却从不肯轻易谈出，心存泾渭，却从不随意褒贬别人。褚裒深深懂得，跟别人过不去，就是跟自己过不去。何况古人还教训过：大人不计小人过。或者以小人之心度君子之腹，看穿了看透了之后，何须把褒贬溢于言辞，喜怒形于声色呢？褚裒如果忍不住，至少可以谴责他们一番，得一些快慰。为了维护自己的合法权益，甚至还可以和县官、亭吏到民事法庭上一见高低，只是那临江把酒觥筹交错的酒宴恐怕就得泡汤了。

人在受到外来的羞辱时，需要一点儿心胸宽厚的功夫。否则，羞耻心过重，受到一点刺激就受不了，承担不了委屈，喜怒哀乐都挂在脸上，这样的人成就不了什么大事。

做人要以德立身

"德"是指一个人的品性、德行。

我们很难想象，一个品行不端、德行恶劣的人能结识真正的朋友，获得长久的事业成功。这样的人无法与人长期合作，因为这种人不是搞一锤子买卖，就是过河拆桥。这种人在家庭中，也会做出不道德的事情，极有可能造成对家人和孩子的痛苦和不幸。他们甚至还可能因为某种利益的驱使，铤而走险而落入法网……

要走向成功，需要以德立身，这是一个成功者必须确立的内在标准，没有这个内在标准，人生之路就会失去支撑，最终的失败将是必然的。

但必须知道，以德立身，还必须以自律为前提，一味讲“哥们儿义气”并不在以德立身之列。俗话说：“近朱者赤，近墨者黑。”社会上，缺德之友最终会成为自己成功路上的定时炸弹。例如，明知这笔贷款不合手续，但因为对方是朋友，所以大开绿灯；明知这个项目不能担保，由于受朋友的委托，还是办了，最终也必然毁了自己的前程。

以德立身贯穿于每个人的人生全过程，在人生的不同阶段，道德对于人的要求虽有着不同标准，每个人体验和经历的内容也不一样，但是，“以德立身”的人生支柱是不变的，它对每个人的人生大厦起着支撑作用的定律是不变的。

富兰克林是美国资产阶级革命时期的民主主义者、著名的科学家，一生受到人们的爱戴和尊敬。但是，富兰克林早年的性格非常乖戾，无法与人合作，做事经常碰壁。

富兰克林在失败中总结经验，为自己制定了 13 条行为规范，并严格地执行，于是，他很快为自己铺就了一条通向成功的道路：

1. 节制：食不过饱，饮不过量，不因为饮酒而误事。

2. 缄默：不利于别人的话不说，不利于自己的话不讲，避免浪费时间的琐碎闲谈。

3. 秩序：把所有的日常用品都整理得井井有条，把每天需要做的事排出时间表，办公桌上永远都不零乱。

4. 决断：决心履行要做的事，必须准确无误地履行所下定的决心，无论什么情况都不要改变初衷。

5. 节约：除非是对别人或是对自己有什么特殊的好处，否则不要乱花钱，不要养成浪费的习惯。

6. 勤奋：不要荒废时间，永远做有意义的事情，拒绝去做那些没有多大实际意义的事情，永不暂停自己的人生目标。

7. 真诚：不做虚伪欺诈的事情，做事要以诚挚、正义为出发点，如果你要发表见解，必须有根有据。

8. 正义：不做任何伤害或者忽略别人利益的事。

9. 平和：避免极端的态度，克制对别人的怨恨情绪，尤其要克制不好的冲动。

10. 整洁：不能忍受身体、衣服或住宅的不清洁。

11. 镇静：遇事不要慌乱，不管是普通的琐碎小事还是不可避免的偶然突发事件。

12. 贞洁：要清心寡欲，绝不做任何干扰自己或别人安静生活的事，也不要做任何有损自己和别人名誉的事情。

13. 谦逊：向耶稣和苏格拉底学习。要抵得住享乐的诱惑，要抵制住金钱的诱惑，不要有非分之想，不为别人的行为而动，不为别人的言论而动，也不可能有任何诱惑和利益使你去做你明明知道是邪恶的事情。

这样你会终生快乐，良心是永恒的圣诞节。由此可见，道德是铺就成功之路的基石，您不妨试试富兰克林的办法。

人以诚立

为人处事，信守诺言是非常重要的。那些受欢迎的人，常用各种不同的方式把他们的特点展现在人们面前，其中最显著的特点便是任何时候都守信、守约。

守信，是中华民族的优秀文化传统之一，自古以来，中国人都十分注重讲信用、守信义。清代顾炎武曾赋诗言志：“生来一诺比黄金，哪肯风尘负此心。”表达了自己坚守信用的处世态度和内在品格。因此，中国人历来把守信作为为人处世、齐家治国的基本品质，言必行，行必果。

东汉时，汝南郡的张劭和山阳郡的范式同在京城洛阳读书，学业结束，他们分别的时候，张劭站在路口，望着天空的大雁说：“今日一别，不知何年才能见面……”说着，流下泪来。范式拉着张劭的手，劝解道：“兄弟，不要伤悲。两年后的秋天，我一定去你家拜望老人，同你聚会。”

落叶萧萧，篱菊怒放，这正是两年后的秋天。张劭突然听见天空一声雁叫，牵动了情思，不由自言自语地说：“他快来了。”说完赶紧回到屋里，对母亲说：“妈妈，刚才我听见天空雁叫，范式快来了，我们准备准备吧！”“傻孩子，山阳郡离这里一千多里路，范式怎会来呢？”他妈妈不相信，摇头叹息，“一千多里路啊！”张劭说：“范式为人正直、诚恳，极守信用，不会不来。”老妈妈只好说：“好好，他会来，我去备点酒。”其实，老人并不相信，只是怕儿子伤心，宽慰宽慰儿子而已。

约定的日期到了，范式果然风尘仆仆地赶来了。旧友重逢，亲热异常。老妈妈激动地站在一旁直抹眼泪，感叹地说："天下真有这么讲信用的朋友！"范式重信守诺的故事一直为后人传为佳话。

讲信用，守信义，是立身处世之道，是一种高尚的品质和情操，它既体现了对人的尊敬，也表现了对自己的尊重。我们反对那种"言过其实"的许诺，也反对使人容易"寡信"的"轻诺"；我们更反对"言而无信"、"背信弃义"的丑行！

在社会交往中，如果真能主动帮助朋友办点事，这种精神当然是可贵的。但是，办事要量力而行，说话要注意掌握分寸。因为，诺言的能否兑现不仅有自己努力程度的问题，还有一些客观条件的因素。有些在正常情况下是可以办到的事，后来由于客观条件起了变化，一时难以办到，这种情况是有的，这就要求我们在朋友面前，不要轻率地许诺。有的事，明知办不到，就应向朋友说清楚，要相信朋友是通情达理的，是会原谅的，千万不要打肿脸充胖子，在朋友面前逞能，轻率许诺。这样，不但得不到友谊和信任，反而会失去朋友。

控制情绪，圆满做事

我们每个人都避免不了动怒，愤怒情绪是人生的一大误区，也是一种心理病毒，它同其他病一样，可能使你一蹶不振。也许你会说："是的，我也明知自己不该发怒，但就是控制不住自己。"如果你想成就大事，想学会圆满做事，你就应该注意了，能不能消除愤怒情绪与你的情绪控制能力有关。

其实，并非人人都会不时地表露自己的愤怒情绪，愤怒这一习惯行为可能连你自己也不喜欢，更不用说他人的感觉如何了。因此，你大可不必对它留恋不舍，它不能帮助你解决任何问题。任何一个精神愉快、有所作为的人都不会让它跟随自己。

愤怒既是你做出的选择，又是一种习惯，它是你经历挫折的一种后天性反应。你以自己所不欣赏的方式消极地对待与你的愿望不相一致的现实。事实上，极端愤怒是精神错乱——每当你不能控制自己的行为时，你便有些精神错乱。因此，每当你气得失去理智时，你便暂时处于精神错乱状态，而这是圆满做事的大忌。

同其他所有情感一样，愤怒是大脑思维后产生的一种结果。它不会无缘无故地产生。当你遇到不合意愿的事情时，就告诉自己：事情不应该这样或那样，于是你感到沮丧、灰心；然后，你便会做出自己所习惯的愤怒的反应，因为你认为这样会解决问题。只要你认为愤怒是人的本性之一，就总有理由接受愤怒情绪而不去改正。

但只要你不去改正，你的愤怒情绪将会阻止你做不好事情。成大事者是不会被愤怒情绪所左右的。历史上有好多这样的事例，他们中能压下怒火的大多就能成功，而凭着这一怒之气行事的则大多会失败。请看下面的例子：三国时期，关云长失守荆州，败走麦城被杀，此事激怒刘备，遂起兵攻打东吴，众臣之谏皆不听，实在是因小失大。正如赵云所说："国贼是曹操，非孙权也。宜先灭魏，则吴自服，操身虽毙，子丕篡盗，当因众心，早图中原……不应置魏，先与吴战。兵势一交，不得卒解也。"诸葛亮也上表谏止说："臣亮等切以吴贼逞奸诡之计，致荆州有覆亡之祸；陨将星于牛斗，折天柱于楚地，此情哀痛，诚不可忘。但念迁汉鼎者，罪由曹操；移刘祚者，过非孙权。窃谓魏贼若除，则吴自宾服。愿陛下纳秦宓金石之言，以养士卒之力，别做良图。则社稷幸甚！天下幸甚！"可是刘备看完后，把表掷于地上，说："朕意已决，无得再谏。"执意起大军东征，最终导致兵败。

从上面的事例中，就可看出，要想做到方圆做人，圆满做事，在关键时刻是不可以让怒火左右情感的。不然你会为此付出代价。那么怎样消除愤怒情绪呢？下面几种方法我们可以借鉴：

1. 走出愤怒的误区

如果你仍然决定保留自己心中愤怒的火种，你可以用不造成重大损害的方式来发泄愤怒。然而，你不妨想想，你是否可以在沮丧时以新的思维支配自己，且以一种更为健康的情感来取代你愤怒的情绪，既然世界绝不会像你所期望的那样，你很可能会继续厌烦、生气或失望；但无论如何，你完全可以消除那种不利精神健康的有害情感——愤怒，它对你没有任何好处。

每当你以愤怒来对他人的行为做出反应时，你会在心里说："你为什么不跟我一样呢？这样我就不会动怒，而且会喜欢你。"然而，别人不会永远像你希望的那样说话、办事；实际上，他们在大多数情况下都不会按照你的意愿行事。这一现实永远不会改变。所以，每当你因为自己不喜欢的人或事动怒，其实你是不敢正视现实，无法做到方圆做人，让自己经受情感的折磨，从而使自己陷入一种惰性中。为根本不可能改变的事物自寻烦恼真是太愚蠢了，只要你想想别人有权用不同于你所希望的方式说话、办事，你就会对世事采取较为宽容的态度。对别人的言行，你或许不喜欢，但决不应动怒。动怒只会使别人继续气你，并会导致上述的心理病症。其实，你完全可以做出选择——要么动怒，要么以圆满做事的态度，最终走出愤怒这一误区。

也许你认为自己属于其中一类人，即对某人某事有许多愤愤不平之处，但从不敢有所表示。你积怨在胸，敢怒不敢言，成天忧心忡忡，最后积怨成疾。在你心里，有这样一句话："要是他跟我一样就好了。"你心想，别人要是和你一样，你就不会动怒了，但这是一个错误的推理。只有消除这一推理，你才能消除心中的怨愤。以方圆做人的态度看待世事，以至于根本不动怒，这才是最为可取的。你可以这样安慰自己：

"他要是想捣乱，就随他去；我可不会为此寻烦恼。对他这种愚蠢行为负责的，是他，而不是我。"

你也可以这样想："我虽然真不喜欢这件事，却不会因此陷入愤怒的误区。"所以，为了消除这一误区，首先你要以平静的方式勇敢地表达出自己的愤怒，然后，以方圆处世的方式让自己保持精神愉快，使之转为内在控制，最后，不因为别人的言行影响自己的精神状态。你可以学会不让别人的言行搅乱自己的心境。总之，你只要方圆做人，圆满做事，保持自我，拒绝受别人的控制，便不会让愤怒折磨自己。

2. 消除愤怒的最佳方法——幽默

生活中有些人为人处世的方式显得有些呆板，这当然是一种不可取的态度。只要观察一下周围那些精神愉快的人就会发现，他们最为明显的特点就是方圆做人——善意的幽默感。让别人开怀大笑，在笑声中观察五彩缤纷的现实生活，这是消除愤怒的最佳方法。

对于"幽默"这个词，我们也许并不陌生，然而，究竟什么是幽默呢？心理学家认为：幽默是人的个性、兴趣、能力、意志的一种综合体现，它是语言的调味品。有了幽默，就是以"圆"的方式对待人和事，所说的话都可让人觉得醇香扑鼻，隽永甜美。它是引力强大的磁铁。有了幽默，便可以把一颗颗散乱的心引入它的磁场，让每个人的脸上绽开欢乐的笑容。它是智慧的火花，可以说，幽默与智慧是一对孪生儿，是知识与灵感发出的光辉。

幽默也能展示人的一种乐观豁达的品格。半夜时分小偷光临，一般不会令人愉快，可巴尔扎克却与小偷开起了玩笑。巴尔扎克一生写了无数作品，却常常手头拮据，穷困潦倒。有一天夜晚，他正在睡觉，有个小偷摸进他的房间，在他的书桌里乱摸。巴尔扎克惊醒了，但他并没有喊叫，而是悄悄地爬起来，点亮了灯，平静地微笑着说："亲爱的，别翻了，我白天都不能在书桌里找到钱，现在天黑了，你就更别想找到啦!”

幽默，实在具有神奇的魅力：可以为懒惰者带来活力，可以为勤奋者驱散疲惫；可以为孤僻者增添情趣；可以使欢乐者更愉悦。幽默是方圆做人的“秘密武器”之一。

你的生活是否过于严肃，以至于你看不到生活中的荒谬之处？要是一个人从来不笑，那他可能有些变态。每当你的言行过于严肃时，提醒自己，你所享有的时间只是现在。当开怀大笑可以使你如此愉快时，为什么要以愤怒折磨自己呢？

笑吧，为笑而笑，这就是笑的理由。其实，你并不需要为笑寻找理由。只要笑，这就足够了。冷静地观察生活在这个世界上的各种人——包括你自己，然后再决定选择愤怒还是幽默。请记住，幽默就是方圆做人的表现，利用它会使你和其他人都得到生活中最珍贵的礼物——快乐。开怀大笑吧，笑声会使你的生活充满阳光。

3. 消除心中的怒气

发怒，完全是一种可以消除与避免的行为，只要好好地把握自己，以方圆做人的态度对待愤怒，你就可以让自己走出这一误区。用方圆做人、圆满做事的准则来调节这种情绪，就能避免这种情绪的伤害。当然，你需要选择很多新的思维方式，并且需要逐步实现。每当你遇到使你愤怒的人或事时，要意识到你对自己说的话，然后努力用思维控制自己。从而使自己对这些人或事有新的看法，并做出积极的反应。下面是消除愤怒情绪的若干具体方法：

（1）当你愤怒时，首先冷静地思考，提醒自己：不能因为过去一直消极地看待事物，现在也必须如此，自我意识是至关重要的。

（2）当你想用愤怒情绪教育孩子时，可以假装动怒：提高嗓门或板起面孔，但千万不要真的动怒，不要以愤怒所带来的生理与心理痛苦折磨自己。

（3）不要欺骗自己，你可以喜欢令人讨厌的东西。你可以讨厌某件事，但你不必因此而生气。

（4）当你发怒时，提醒自己，人人都有权利根据自己的选择来行事，如果一味禁止别人这样做，只会延长你的愤怒。你要学会允许别人选择其言行，就像你坚持自己的言行一样。

（5）请你信赖的人帮助你。让他们看见你动怒时，便提醒你，你接到信号之后，可以想想看你在干什么，然后努力化解愤怒情绪。

（6）在大发脾气之后，大声宣布你又做了件错事，违背了圆满做事的哲学，现在你决心采取新的思维方式，今后不再动怒。这一声明会使你对自己的言行负责，并表明你是真心实意地走出这一误区。

（7）当你要动怒时，尽量靠近你所爱的人。这是消除愤怒情绪的方法之一。

（8）当你不生气时，同那些经常受你气的人谈谈心，互相指出对方最容易使人动怒的那些言行，然后商量一种办法，心平气和地交流看法。比如可以写信，让中间人传话或一起去散步等，这样你们便不会以愤怒相待。其实，只要在一起多散几次步，你便会懂得发怒的荒谬和对你圆满做事的目的有多大的损害了。

（9）当你要动怒时，花几秒钟冷静地描述一下你的感觉和对方的感觉，以此来消气。最初10秒钟是至关重要的，一旦你熬过这10秒钟，愤怒便会逐渐消失。

（10）不要总是对别人抱有期望。只要没有这种期望，愤怒也就不复存了。

（11）在遇到挫折时，不要屈服于挫折，应当接受逆境的挑战。这样你便没有空闲来动怒了。

愤怒没有任何好处，它只会妨碍你的生活。同其他所有误区一样，愤怒使你以别人的言行确定自己的情绪。现在，你可以不去理会别人的言行，按照方圆做人、圆满做事的哲学来处理，大胆选择精神愉快——而不是愤怒。

4. 避免发怒的方法

怒是一种不良的情绪状态。古代素有“怒伤肝、喜伤心、忧伤肺、思伤脾、恐伤肾”的说法。生理研究表明，人在发怒时，会有一系列生理变化，如心跳加快、胆汁增多、呼吸紧迫、脸色改变，甚至全身发抖。这种情况对人的健康不利是不言而喻的。

怎样使自己不发怒呢？归纳起来有以下几种方法：

（1）生活中遇到能引起人发怒的刺激时，应当力求避开，以“圆”应对，眼不见，心不烦。这是自我保护性的制怒方法。

（2）在受到令人发怒的刺激时，大脑会产生强烈的兴奋灶，这时如果主动在大脑皮层里建立另外一个兴奋灶，用它去找到或消除引起发怒的兴奋灶，就会使怒气平息。比如盛怒的母亲，看到可爱的孩子天真的表演，会怒气全消就是这个道理。

（3）怒从何来？常常是虚荣心强、心胸狭窄、感情脆弱、盛气凌人所致，对此，可以用疏导的方法将烦恼与怒气引导到积极的追求，用“方”的态度鞭策自己，以此激励起发奋的行动，达到转化的目的。

（4）这是一种主动的意识控制，主要是用自己的道德修养、意志修养缓解和降低愤怒的情绪。

有人在要发泄怒气时，心中默念“不要发火，息怒、息怒”，会收到一定效果。

总之，你应当提高自己控制愤怒情绪的能力，时时提醒自己，有意识地控制自己情绪的波动，千万别动不动就指责别人，喜怒无常。改掉这些坏毛病，努力使自己成为一个容易接受别人和被人接受，性格随和的人。只有这样的人才能办成大事，才可以达到方圆做人、圆满做事的理想状态。

淡泊名利，不求奢华

《菜根谭》中这样说：“此身常放在闲处，荣辱得失谁能差遣我；此身常放在静中，是非利害谁能瞒昧我。”意思是，经常把自己的身心放在安闲的环境中，世间所有的荣华富贵和成败得失都无法左右我，经常把自己的身心放在安宁的环境中，人间的功名利禄和是是非非就不能欺骗蒙蔽我。

人类的各种欲望，如果任其放纵而不加约束，那么就必将永无止境地堕落，所以必须磨炼自己的意志，制定一个可行的计划，并坚持按计划做，制止自己的贪欲心。

《庄子》里有这样一个故事：

有一次，市南子去见鲁侯，发现鲁侯心情不好，满脸忧郁，就问他为什么，鲁侯回答说：“我做每件事的时候都够小心谨慎的了，可是仍不能避免祸患的发生，所以很担心，很忧愁。”市南子问：“你知道狐狸和豹子吗？它们隐居山洞密林，昼伏夜行，即使饥饿，也要到远离人群的地方觅食，然而它们仍不能逃脱罗网陷阱之灾，这是因为它们身上有着人们所需求的美丽皮毛。现在鲁国就是您的皮毛，我希望您剖开形体，舍去皮毛，洗净内心，摒除欲望，而遨游于无人的旷野。”

在这里，庄子告诉我们，过度的欲望使人烦恼，会给人带来灾祸，但欲望又常常在人的内心作祟，使人对它难以割舍得下，派生出烦恼。最好的办法就是抛开对荣辱得失的忧患，清心寡欲，从而做到无欲则刚了。因此，平淡是红尘的淡化剂，心如止水，沉稳恬静，拥有平淡，不拘泥人言是非，不沉迷利禄功名，脱离尘世喧嚣之境，视悲欢荣辱如过眼烟云，不为权势所羁绊，不为物欲所拖累，以一颗平常心直面人生，以出世的精神，做入世的事业，追求人格的独立和灵魂的自由。古人杨慎在《临江仙》词中说："是非成败转头空……古今多少事，都付笑谈中。"

有一句名言叫做"心底无私天地宽"，很多人最迫切追求的是私欲、私利，私欲多了，就会目光短浅，私欲少了，就会有胸怀天下、造福人类的宽大胸襟。心怀天下、志在四海，只有这样的人才能流芳百世。

富贵不淫，贫贱不移

人无高低贵贱之分，却有贫穷富贵之别。但无论是富人还是穷人，均不可丧失做人的气节与品格，有的人生活贫穷时，正直善良、乐善好施，一旦生活富裕起来，便性情大变，忘了自己的根本，自恃高贵，看不起他人，甚至蛮横无理。还有一类人，由于穷，便穷得没了志气，丧失了自尊，不惜一切求助他人，甘为他人的走狗。对于一个真正的人来讲，此两类均不可取。下面的这则故事告诉我们应该怎样做人的道理：

鲁国国王想学习三皇五帝的学说，从事三皇五帝的事业，敬重贤能之士，亲自去做一些实在的事情。虽然是这样想的，但鲁王又总是忧心忡忡，觉得自己安全没保障，架子放不下来。

楚国贤人熊宜僚来鲁国，看穿了鲁王的心思，便建议说："大王去南越吧。那里的民风古老纯朴，人无私心，人们行为举止很随意。您去那里，可以抛掉庸俗的念头，修成大道。"

鲁王着急了："那儿山高路远，没有车船，我可怎么办？"

熊宜僚说："不要以为自己是国王，就放不下架子，也不要安于自己的高位就迈不开脚步。您本人不就是一辆用不坏的车子吗？您的头颅是车把式，您的体力是驾车的马匹，您的双脚就是车轮。"

鲁王又担心："那地方很偏远，又没什么人烟，我跟谁做邻居呢？我没有粮食、酒肉，吃什么呢？"

熊宜僚说："把您的消耗量尽量降低，让您的欲望和俗念尽量减少，这样即使您吃了上顿愁下顿，您也会把糠菜当成美餐。要把自己看成一个实实在在的人，既不要自视为王侯，自己娇惯自己；也不要为自己成了平民而自卑，看不起自己的贫贱。这样，富贵的日子能过，贫贱的日子同样能过。如果富贵不会成为自己骄纵的本钱，那么贫贱也就不会成为自己生活的负担。事物的发展，此一时，彼一时，本来如此。人才是根本的、永恒的！"

名誉是一种财富

有这样一个故事：1982年，美国印第安纳州阿历山德亚市的比尔先生喜得贵子，几天后却又愁眉不展。原来比尔和妻子葛莉亚都是教师，住的是租来的一间小阁楼，以前尚能维持，现在有了孩子再也不能凑合了。比尔决定自己盖房子，可哪来的地呢？再说买地也需要一大笔钱啊！

经过寻访，比尔看中了城南的一块放牧地。地是属于92岁的退休银行家尤先生的，他在那里还有许多土地，但从不出售。每次有人想向他买地时，他总是回答说，我答应那些农夫让他们来这里放牛。比尔知道要买这地很难，但还是决定碰碰运气。比尔来到尤先生的办公室，一切如想象中的一样，尤先生非常固执。但尤先生听到比尔姓盖瑟后，睁大了双眼，突然问了一句：你跟格罗弗·盖瑟可有联系？比尔说，他是我祖父。

尤先生让比尔第二天再去他的办公室。

第二天，事情出现了戏剧性的变化：尤先生不但态度非常和善，而且把城南6公顷土地全卖给了比尔，并且只卖7500美元，仅仅是市价的三分之一。原因只有一个，比尔的祖父老盖瑟，在当地是一个人所共知的乐于助人、待人和善、正直不阿的农夫。

草木一秋，人生一世，好的名誉就是财富，它是金钱买不到的，遗憾的是现实生活中，我们常常忽略了拥有好名声，而一味去追逐金钱。

正直的品格让你受益无穷

如果一个青年在刚踏入社会的时候，便决心把建立自己的品格作为以后事业的资本，做任何事情，都无悖于养成完美人格的要求，那么，即使他无法获得盛名与巨大利益，但终不至于失败。而那些人格堕落、丧失操守的人，却永远不能成就真正伟大的事业。人格操守是事业上最可靠的资本，多数青年对这一点缺乏认识。一些年轻人过分地注重技巧、权谋和诡计，却忽视对正直品格的培养。为什么有许多公司情愿以非常昂贵的代价，用已死去数十年或数百年的人的名字来做公司名称呢？因为在那些已逝者的名字里面含有正直的品格，代表着信用，使消费者感到可靠。

有一些青年人明明知道这样的事实，但是他们仍然不将事业的基础建立在正直的品格上，反而建立在技巧、诡计和欺骗上，难道不令人感到奇怪吗？但也有相当多的年轻人并不把事业建立在不可靠和不诚实的基础上，而是建立在坚如磐石的正直品格上，这样，他们的成功才是真正的成功，才有真正的价值和意义。

公道、正直与诚实是成功所包含的要素。每一个人都应该感到，在自己的体内有一种富贵不能淫、威武不能屈的力量。这极其宝贵的力量就是一个人的品格，应不惜生命来保持自己正直的品格。大凡历史上真正的伟大人物，不会因金钱、权势、地位等种种诱惑而出卖人格。

林肯做律师时，有人找林肯为诉讼中明显理亏的一方做辩护，林肯回答说："我不能做。如果我这样做了，那么出庭陈词时，我将不知不觉地高声说：'林肯，你是个说谎者，你是个说谎者。'"

林肯的美好名声为什么不随着岁月的流逝而消失，反倒与日俱增、妇孺皆知呢？因为林肯的一生都保持着正直的品格，从来没有践踏过自己的人格，从来不曾糟蹋自己名誉的缘故。

当一个人过着一种虚伪的生活，戴着假面具，做着不正当的职业时，他将受到自己内心的嘲笑，甚至会鄙视自己。他的良心将不住地拷问他的灵魂："你是一个欺骗者，你不是一个正直的人。"这会败坏人的品格，削弱人的力量，直至彻底葬送人的自尊和自信。

无论有多大的利益、多么难以抵制的引诱，千万不可出卖自己的人格。如果一个人过分地追逐名利，将会败坏他的才能，毁灭他的品格，使他做出违背良心的事情来。

无论你从事何种职业，你不但要在自己的职业中做出成绩来，还要在自己的做事过程中建立自己高尚的品格。在你做一名律师、一名医生、一名商人、一名职员、一名农夫、一名议员，或者一名政治家时，你都不要忘记：你是在做一个"人"，在做一个具有正直品格的人。这样，你的职业生涯和生活才有重大的意义。

要确信自己的能力

怀疑自我是人性的一大弱点，怀疑自我的人始终无法集中起自己的精力做事，更休想能做好一件事。这样的人很难摆脱失望情绪的纠缠，无法达到圆满做事的目的，终生不得快乐。

每个人都有自己特定的优缺点，你应当做到方圆做人，将自己的风采展现给别人。实在没有必要因为某些似是而非的理由，就将自己改造成他人。这个世界每个人都是独一无二的，就像你当不了奥黛丽·赫本，而她也当不了你一样，实在没有必要将自己改造成他人。

有一个年轻人，看见那些企业巨子们的成功，非常羡慕，想成为他们中的一员。“但我现仅有一辆破车，除此之外，我还能干什么？怎么干？”这个年轻人开始自我怀疑，在曼哈顿酒店里度过了一天又一天，并且有些消沉。终于有一天，这位年轻人带着肯定的态度为自己制成了一个梦想，因为他恰巧碰到了美国汽车工业巨头福特，福特特别欣赏这个年轻人的才能，他想帮助这个年轻人实现自己的梦想。后来的故事也许大家会知道：经过八年的努力与福特的支持，这个年轻人终于如愿以偿地创办了著名的伊利诺斯大学，而这个年轻人就是该大学的创始人本·伊利诺斯。

艾莉诺·罗斯福说：“未经你的同意，没有人能使你感觉卑微。”古希腊谚语也说：“除了自己，没有人能够侮辱我们。”这显然是一种心灵“偈语”，是能够让你走向方圆做人的真谛。

一个隐士计划在大河上搭建一座桥，方便人们通行，他请所有的动物来帮忙。

大象用它有力的鼻子把巨石推进河里，犀牛把沙土顶到河中，猩猩把木头拉到河里去，所有的动物都乐意为造桥贡献自己的力量。

小松鼠在一旁看着大工程的进行，觉得自己实在太小，没有办法和它们一起工作。后来它想出一个好方法，它在尘土中翻滚，让全身沾满泥土，然后快速跑向河边，把身上的泥土抖进水中，松鼠一次又一次重复着这样做。

这一切隐士都看见了，就夸奖它说：“只要有心，即使一只小小的松鼠也能有所成就。”

你是否为自己一无是处而感到自卑？但是“天生我材必有用”，即使你像一只小松鼠或只是一根微不足道的螺丝钉，只要你愿意献上自己，都会得到别人的祝福。

在一次讨论会上，一位著名的演说家没讲一句开场白，手里却高举着一张20美元的钞票。面对会议室里的二百多人，他问：“谁要这20美元？”一只只手举了起来。他接着说：“我打算把20美元送给你们中的一位，但在这之前，请准许我做一件事。”他说着将钞票揉成一团，然后问：“谁还要？”仍有人举起手来。

他又说：“那么，假如我这样做又会怎么样呢？”他把钞票扔到地上，又踏上一只脚，并且用脚碾它。尔后他拾起钞票，钞票已变得又脏又皱。“现在谁还要？”还是有人举起手来。

“朋友们，你们已经上了一堂很有意义的课。无论我如何对待那张钞票，你们还是想要它，因为它并没有贬值。它依旧会值20美元。”

人生路上，我们会无数次被自己的决定或碰到的逆境击倒，甚至碾得粉身碎骨。但无论发生什么，或将要发生什么，我们永远不会丧失价值，我们依然是无价之宝。我们是独特的，请永远不要忘记这一点。

幽默是人际关系的润滑剂

在我们的个人生活中，总是不断地扮演着主人和客人的角色，因此我们有可能要去应付不合理的要求、令人不快的行为、或者闹得不像话的场面。有一个人想平息餐桌上的争论，他提了一个十分意外的问题：“诸位，刚才是一道什么菜？大概是鸡！”“是的。”一位客人回答。“一定是公鸡！”这人一本正经地说，“原来是鸡在作祟，难怪大家要斗起来。”说完他举起酒杯：“来点灭火剂吧，诸位！”一场餐桌上的纷争顷刻间平息了。

方圆处世，就是善于化解困境。有时候为了化解困境，没有任何合适的方式，只有依靠幽默的力量。

当百货公司大拍卖，购货的人又推又挤的时候，每个人的脾气都犹如枪弹上膛，一触即发。有一位女士愤愤地对结账小姐说：“幸好我没打算在你们这儿找‘礼貌’，在这儿根本找不到。”结账小姐沉默了一会儿，说：“你可不可以让我看看你的样品？”那位女士愣了片刻，笑了。

每一个有经验的官员都知道，要使身边的下属能够和自己齐心合作，就有必要将自己的形象人性化，才能达到圆满做事的目的。

有时我们确实需要以有趣并有效的方式来表达人情味，给人们提供某种关怀、情感和温暖。据说有一位大法官，他寓所隔壁有个音乐迷，常常把电唱机的音量放大到使人难以忍受的程度。这位法官无法休息，便拿着一把斧子，来到邻居门口。他说：“我来修修你的电唱机。”音乐迷吓了一跳，急忙表示抱歉。法官说：“该抱歉的是我，你可别到法庭去告我，瞧！我把凶器都带来了。”说完两人像朋友一样笑开了。

这位法官并不是想把邻居的电唱机砸坏。他是恰当地表达了对邻居的不满——请注意：是对音响而不是对人——他的行为似乎是对音乐迷说：“我们是朋友，我希望和你好好相处，至于唱机，可以修理一下。”当然，所谓“修理”只是把唱机的声音开低些罢了。

某大公司的董事长和财税局长有矛盾，双方很难心平气和地坐在一起，可是又必须把他们都请来，参加一个重要的会议。他们不得不来了，但是双方都视而不见，犹如两个瞎子。这时会议主持人抓住他们的矛盾，进行了一瞬间的趣味思考。他向人们介绍这位董事长时，说："下一位演讲的先生不用我介绍，但是他的确需要一个好的税务律师。"听众爆发出一阵大笑。董事长和财税局长也都笑了。

这就是"趣味思考法"——不要正面揭示或回答问题，而是以"圆"的方式，用愉悦的、迂回的方式揭示或回答问题。著名足球教练罗克尼，也是个善于进行趣味思考的人。一次球赛，罗克尼的诺特丹足球队在上半场输给威斯康辛队 7 分。可是他在休息室中一直与队员们开玩笑，直到要上场进行下半场比赛时，他才大喊："听着!"队员们惊惶失措地望着他，以为他要把每一个人都大骂一通。但是罗克尼接下去说："好吧。先生们，走吧!"没有责备，也没有指手画脚强调下半场如何踢球。罗克尼的乐观、豁达，克服了队员们心理上的障碍，帮助他们忘掉艰难的处境。他的队在下半场创造了奇迹，踢出了一连串漂亮的、近乎幽默的球。后来罗克尼对采访他的人说："不是我赢了，而是我的趣味思考法赢了。因为我知道我们精神上赢了，那么球也赢了。"

幽默作家班奇利，在一篇文章中谦虚地谈到他花了 15 年时间才发现自己没有写作的才能。结果一位读者来信对他说："你现在改行还来得及。"班奇利回信说："亲爱的，来不及了，我已无法放弃写作了，因为我太有名了。"这封信后来被刊登在报纸上，人们为之笑了很长时间。事实是班奇利的幽默作品闻名遐迩，但他没有指责那位缺乏幽默感的读者。他以令人愉悦的、迂回的方式回答了问题，既保护了读者可爱的自尊心，也保护了自己的荣誉。

如果你对自己幽默感没有足够的自信，不妨学学孩子式的幽默。即使在50岁以后，我们也经常为孩子们天真而产生的幽默所感动。他们是真正以坦诚待人，不会隐瞒任何事实的人。当他们毫不掩饰地道出心里想的或事实真相时，人们一下子就喜欢上他们，跟他们在一起会感到无比的轻松、愉快。

有一次，杰克在家里请几位朋友吃饭。朋友来了，他妻子要他的小女儿向客人说几句欢迎的话，她不愿意，说："我不知道要说些什么话。"这时一位来做客的朋友建议："你听到妈妈说什么，你就说什么好了。"他女儿点点头，说："老天！我为什么要花钱请客？我们的钱都流到哪儿去了？"杰克的朋友们大笑起来，连他妻子也不好意思地笑了。

这就是孩子式的幽默，女儿把母亲的想法以极纯真的方式说了出来，使大人们也不得不认真地检讨一下自己的想法，同时也减轻了我们对金钱方面的忧虑。杰克从中得到了一点东西：孩子式的幽默能使我们显得格外真诚。为了取得理想的效果，幽默时要特别注意以下两点：

1. 幽默必须真实而自然

我们经常看到和听到一些政治家们的幽默言行。他们圆满做事的手段令人叹服，大多把幽默的力量运用得恰当自如，真实而自然。没有耸人听闻，也不哗众取宠，更不是做戏，这是因为，他们都知道太精于说妙语和笑话，对个人的形象并无帮助。

但是有的政治家就不那么高明了，他们摇头摆尾，手势又多又复杂。有的人智力平平，却非要附庸风雅，企图以廉价的笑料来博得听众的欢心。他们硬要把自己塞进别人的肚子里，不顾别人是不是有这个胃口。

结果也许是真的引起了笑，但很可能是笑他形象的滑稽和为人的浅薄。

有个芝加哥人，一心想得到某俱乐部主席的位置，在一次对俱乐部成员的演说中，表现过了头，在不到两小时的演说过程中，他至少说了50则笑话，并配以丰富的表情和确实引人发笑的手势，听众们被逗得哈哈大笑。末了，在他讲完最后一则笑话时，有人大叫："再来一个!"这位老兄也真的再来了一个，再次把人逗得疯狂大笑，但是他没有当上俱乐部主席，他的票数是候选人中的倒数第二。

当他闷闷不乐地走出俱乐部时，他问那位喊"再来一个"的听众："你说我比他们差吗？"

"不，一点也不差，"那人说，"你比他们有趣多了，可以去当喜剧演员。"

一味圆滑地迎合听众的低级趣味，结果却惨遭淘汰，因此，把握分寸十分重要。

2. 敢笑自己的人才有权力开别人的玩笑

海利·福斯第说："笑的金科玉律是，不论你想笑别人怎样，先笑你自己。"

笑自己的观念、遭遇、缺点乃至失误，有时候还要笑笑自己的狼狈处境。每一个迈进政界的人得有随时挨"打"的心理准备，如果缺乏笑自己的反馈功能，那么他最好还是干自己的老本行去。

有人对一位公司董事长颇反感，他在一次公司职员聚会上，突然问董事长："先生，你刚才那么得意，是不是因为当了公司董事长？"

这位董事长立刻回答说："是的，我得意是因为我当了董事长，这样我就可以实现从前的梦想，亲一亲董事长夫人的芳容。"

董事长敏捷地接过对方取笑自己的目标，让它对准自己，于是他获得了一片笑声，连那位发难的人也忍不住笑了起来。

许多著名人物，特别是演员，都以取笑自己来达到双方完美的沟通。他们利用一般认为并不好看的外貌特征来开自己的玩笑。有一位发胖的女演员，拿自己的体态开玩笑说："我不敢穿上白色泳衣去海边游泳。我一去，飞过上空的美国空军一定会大为紧张，以为他们发现了古巴。"

人们没有理由不喜欢这样的人。如果今后他们拿我们开玩笑时，我们只能同他们一起哈哈大笑，而没有半点怨言。

笑自己的长相，或笑自己做得不太漂亮的事情，会使你变得较有人性。如果你碰巧长得英俊或美丽，要感谢祖先的赏赐，同时也不妨让人轻松一下，试着找找自己的缺点。如果你真的没有什么有趣味的缺点，就去虚构一个，缺点通常不难找到。

敢于嘲笑自己的缺点，正是拥有自信的表现，可以说，幽默是一个人方圆做人、圆满做事的一个相当有用的"硬件"。

默默地履行责任

履行责任的最佳形式就是悄然无声地去做，不要让任何人发现。以一种奉献和高尚的精神来做自己的工作，不要遵从那些明哲保身的常理，不要为自己大肆宣传，要遵奉许多信念和神圣准则。因此，就要仔细审视人类生活的每一方面和人类的每一种行为，要考虑对人类的永恒责任。我们每天都要为自己的恶行或粗心而负责，无论早晚，都必须行仁义。

如何才能履行我们的责任呢？在这个过程中可能会遇到哪些困难呢？我们首先要有对整个人类普遍而持久的责任感，接下来才是对家庭的责任，对邻居的责任，雇主对员工以及员工对雇主的责任，对我们身边人的责任，对国家的责任，以及对市民行为的责任。

在这些责任中，许多都是私下履行的。我们的公众生活是为人所知的，但是私生活却没有人能看得见——如精神和灵魂方面的内心生活，它们可能是有价的，也可能是无价的。没有人能毁灭我们的精神，它只能自我泯灭。但是，只要我们有心让自己和他人过得更好一点、更美一点、更高尚一点，我们也许就能使自己做到最好。

下面是一位美国议员坚守自己立场的故事。一个多世纪前的一天，新英格兰发生了一次日食，天空变得非常黑暗，许多人以为末日审判来临了。康涅狄格州议会正在召开会议，当黑暗来临时，一名议员提议休会，这时，一位来自斯坦福大卫港的老清教徒立法议员站起来说道，即使世界末日真的到来，他仍将坚守岗位，并且履行自己的责任。在这一责任的驱使下，他宁愿举着蜡烛在房间里四处走动，以便会议能尽可能地进行下去。履行职责、坚守岗位，是这位智者的人生信条，他真的做到了践履躬行。

有一位身体不大好的人，他花了大量时间在慈善事业上。他四处探访病人，走进病房，坐在他们身旁，用尽一切办法来照顾和帮助这些病人。这样既影响了自己的生意，还受到了疾病的威胁，许多朋友都热忱告诫他还是小心为好，因为访问高危病人和垂死病人，确实已使他受到了感染。但是他坚定而又坦率地回答他的朋友们说："如果为我的妻子和孩子们着想，我应该照管好我的生意。然而我还有社会所赋予的责任，我应该去照顾那些我家庭以外的人。"

这些话语出自一位心甘情愿成为责任之仆的人。因此，并不意味着捐献出自己的钱就是真正的行善，而是说这个人必须奉献出他自己，捐献钱财是一种自我标榜的行为，而献出自己的时间、精力、精神，才是深爱他人的举动。前一种人可能活得悄无声息，后一种人则会永垂青史，因为他播撒的良好影响力永远不会消亡。

那么，责任的基础是什么呢？朱尔斯·西蒙曾经写过一本很有价值的书——《礼仪》，他在书中指出，责任依赖于自由。为了履行公共责任，人们必须要有自由。个人品格的塑造，也需要自由。他们要自由地思考，也要自由地行动。

忠诚勇敢者定会成功

默格里夫或者说诺曼比家族的创始人威廉姆·菲浦斯和理查德·福利一样，性格非常鲜明。他的父亲是一个军械工人，是居住在缅因的伍尔维奇的英国人，缅因当时是英国在美洲殖民地的一部分。

他生于1651年，家里有26个兄弟姐妹（其中21个是男孩），他家里一贫如洗，完全依靠自己的智慧和双手来养活自己。威廉姆好像天生就有丹麦水手的那种锐气，他不满足于幼时所过的牧羊人的平静生活。他天生勇敢，喜欢冒险，他渴望成为一名水手，在整个世界流浪。他希望加入某个舰队，但是没有成功，于是他在造船厂里当学徒，在那里完全掌握了这一行的学问，在业余时间也学会了读书和写字。

学徒期结束之后，他来到波士顿，向一个有点财产的寡妇求婚并且与她结了婚，之后，他自己创办了一个小的造船厂建造船只，并将船驶入大海。后来他还从事过木材生意，在这一行辛勤工作了将近10年。

有一天，当他经过老波士顿弯弯曲曲的街道的时候，他听到一些水手在那里谈论一起发生在巴哈马附近的船只失事事件。那是一艘西班牙船，船上好像有很多钱。他的冒险精神一下子被激发了起来，立即和另一个意气相投的员工一起，向巴哈马出发了。

失事的船只还在海岸附近，他们很快就找到了它，并且成功收回了一些货物，但是钱很少，其结果是他们差一点入不敷出，不过，这件事情的成功终于激发了他的事业心。

当他又一次听说另一艘装满了贵重货物的船只于半个世纪之前曾在帕拉塔港口失事的时候，他又立即有了打捞那个船只的想法，其目的当然是为了打捞那些财物。

由于家境贫困，他没有任何良好的设备，但他还是朝着英格兰出发了，希望能够获得钱财。他成功打捞巴哈马失事船只的消息早就令他颇负盛名了，因此，他直接找到了政府。在他的急切要求下，查理二世最终同意了他“打捞阿尔及尔”的建议，并且派给他一艘船只，18 支枪和 95 个随时听候他命令的随员。菲普斯出发去找那艘西班牙船，以便打捞里面的财宝。他安全到达了伊斯帕尼奥拉岛，但是要找到沉船非常困难。

船只失事已经是 50 多年前的事情了，菲普斯只听说过有关失事的一些传闻而已。要搜索的海域非常广，而且广袤的海面上没有任何迹象可寻，大商船沉在哪里都有可能。他把他的海员们集中起来学习海中打捞技术，但是几个星期过去了，他们只捞上来一些海藻、小石头，没有任何事情比这更加令人沮丧的了，很多人开始互相抱怨，并且还有人埋怨是菲普斯把他们带来干这种愚蠢的差事。

不久，那些抱怨的人有了领头羊。有一天，那个人走到后甲板上说，必须放弃这种无聊的工作了。菲普斯可不是那种胆小怕事的人。他抓住了那个惹是生非的罪魁祸首，并且把其他人都打发到工作岗位上去了。

由于船只需要修理，因此，他们需要把船停泊到靠近岛屿的地方去，为了使船更轻一些，他们卸下了一些货物。但是船员的不满情绪仍然在增长，他们又开始策划一起新的叛变，他们想控制轮船，把菲普斯扔下不管，然后开始向南海出发，做海岛巡游，抢西班牙人的船只。

但是，要想叛变成功还必须获得一个关键人物的支持，那就是船上的木匠，因此这个木匠成了这次叛变成败的关键人物。这个人为人非常诚实，他马上向船长报告了他所面临的危险。菲普斯立即召集了那些他认为忠诚的人，把船上所有的枪支都上了子弹，并且下令把船驶到岸边，中间架起桥板。

当那些反叛者出现的时候，菲普斯向他们大喊，让他们不要过来，（当时他们和货物还都在岸上），过来的话就开枪。在枪支的掩护下，菲普斯把货物都搬到了船上。那些反叛者害怕被扔在荒岛上，就开始放下武器，请求菲普斯让他们回到自己的岗位上去。

他们保证能按菲普斯的要求做，还保证以后不再图谋叛变。菲普斯把其中一些反叛者放回了船上，另外一部分人留在了荒岛上。

不过，那只船需要修理，因此，在搜寻开始之前，他不得不把船驶回英格兰，以便完全修好它。不久，他终于获得了那艘西班牙船失事下沉的更加准确的位置。虽然还是困难重重，但是他对自己更加有信心了，确信自己的打捞最后一定能够成功。

回到伦敦之后，菲普斯向舰队司令报告了自己的旅程，舰队司令对他的结果很满意，但是由于还没有获得成功，他们就没有再给他委派另一艘皇家舰船。詹姆士二世即位了，政府面临着更大的困难，因此菲普斯黄金工程的要求没有人响应。

后来，他决定通过公众的捐赠来获得资金。一开始，很多人都耻笑他，不过，他坚持不懈的努力终于有了回报，经过 4 年的筹备，他不断向有权势有影响力的人介绍自己的计划——这期间他生活得非常贫困——最后他终于成功了。

有 20 个股份公司的蒙克将军的儿子阿尔伯马尔公爵为主要股东，向他捐赠了一笔钱，作为实现他的计划所需要的必要资金的主要部分。

就像福利那样，菲普斯的第二次航行有很多收获。船只不出任何意外地到达了帕拉塔港口，那儿附近的暗礁区被认为是那次失事的地点。他的第一个目标就是建造一艘有 8 支或者 10 支桨的坚实小船，在建造过程中，菲普斯自己也加入到劳动中，亲自拿斧头劈木材。

也有人说，他建造了一个用来探索海底的机器，类似于潜水钟的东西。一些书籍中有这种机器的介绍，但是菲普斯不大识字，很少看书，因此有人认为，他是为了使用，自己发明了这种机器。他还招募了一些印度潜水员，他们有潜水捞取珍珠的手艺，在海底的行动非常敏捷，在当时很有名气。他驶着小船进入了暗礁群，他们开始工作，把潜水钟沉入了海底，他们还试了各种在海底打捞的方法，但是，好几个星期过去了，仍然没有一丁点儿成功的迹象。不过，菲普斯仍然很英勇地工作着，好像在和希望作斗争一样。

终于有一天，一个水手从小船上往水中看，海水非常清澈，他看见了一种奇形怪状的植物，似乎像是船只的残骸。他立即叫来了印度潜水员，让他们跳进海里把那个东西打捞上来看看。不一会儿，那个穿着红色衣服的印度潜水员上来了，带了一身海藻，他向菲普斯报告，下面同一位置里有很多枪支。一开始，大家都怀疑这个情报的真实性，后来经过进一步调查，证明是真的。

经过搜查，一个潜水员拿着一块银条上来了。当他拿着银条给菲普斯看的时候，菲普斯大叫起来："老天保佑！我们都成为勇敢的男人了。"于是那些潜水钟和潜水员都开始紧张工作起来，几天之后，打捞上来的财产达到了30万英镑，菲普斯就带着那些钱回到了英格兰。

当他回到英格兰后，有人要求国王抓住菲普斯的船只和货物，理由是当初菲普斯向国王求助的时候并没有把整个事情说清楚。

国王说，他知道菲普斯是一个忠诚的人，而且他认为菲普斯和他的朋友应当把所有这些财产分了，归个人所有，即使菲普斯打捞了更多的财产也应该如此。就这样，菲普斯获得了自己的那部分——2万英镑。而且，国王为了表示对菲普斯勇敢和忠诚行为的嘉赏，还授予他爵士头衔，同时他还当上了新英格兰的高级郡长。

在任职期间，他为祖国做了很多英勇的事情，与法国争夺殖民地，探险皇家和魁北克港口等。他还是马萨诸塞州的政府官员。

后来，他从那里回到英格兰，并于1695年在伦敦去世。菲普斯在他的后半生中，并不因为自己的出身低微而感到羞耻，事实上，他对此引以为豪：他从普通的船只木匠上升到光荣的爵士和一个州的官员。

有时候，他受到公务的困扰时经常开玩笑说，让他重新返回到造船厂和斧头打交道可比处理公务容易多了。在他身后，留下了很多美名，正直、忠诚、爱国还有勇敢。

良言一句三冬暖

风和太阳争执谁的力量大，风说道："我能证明我的力量大，看！路上正走着一个身披大衣的老者，我能比你更快地使他把大衣脱掉。"于是太阳躲进乌云里，风使出他的威力狂吹，但是风吹得越大，那老者越用手拉紧他的大衣。最后风筋疲力尽了，停止了。太阳从云彩里走出来，开始对着那老者和气地笑。不久那老者便用手拭他前额的汗并将大衣脱去。于是太阳对风说："仁慈和友善永远比愤怒和暴力更为有力。"

与人沟通互不相让，就会使要解决的事情一拖再拖，这对双方都没有好处。但如果你能遵循和睦的原则，万事以理沟通，那么事情就会得到圆满而快速的解决。

某律师嫌房租太高了，要求减低一点，但是他知道房东是一个极固执的人。

他说："我写给房东的一封信说，等房子合同期满我就不继续住了，但实际上我并不想搬家。假如房租能减低一点我就继续租下去，但恐怕很难，别人住后也曾经交涉过都没成功。许多人对我说房东是一位很难对付的人。可是我自己心中说：我正在学习如何待人这一课，所以我将要在他身上试一下，看看有无效果。

结果，房东接到我的信后，便带着他的租赁契约来找我，我在家热情招待了他。一开始并不说房租太贵，我先说如何喜欢他的房子，请相信我，这确是'真诚的赞美'。我表示佩服他管理这些房产的本领，并且说我真想再续住一年，但是我负担不起房租。

他像从来不曾听见过房客对他这样说话。他简直不知道该怎样处置。随后他对我讲了他的难处，以前有一位房客给他写过40封信，有些话简直等于侮辱。又有一位房客恐吓他说，假如他不能让楼上住的一个房客在夜间停止打鼾，就要把房租契约撕碎。他对我说：'有一位像你这样的房客，心里是多么舒服。'

然后不等我开口，他就替我减去一点房租。我想能多减点，于是我说出所能负担的房租数目来，他二话不说就答应了。

临走的时候，他又转身问我房子有没有应该装修的地方。假如我也用其他房客的方法要求他减房租，我敢说肯定也会像别人一样遭到失败。我之所以胜利，全赖这种友好、同情、赞赏的方法。"

与人争论，就如同斗鸡，双方越斗越猛，对解决问题却毫无益处。故事中的律师如果也像其他的房客一样，把房东狠狠地批评一顿再要求减租，结果会怎么样呢？房东一定会反驳他，说自己的房子有多么好，有多少人等着租赁，两人也会因此闹得不高兴，当然房东绝对不会减去一分钱的租金。幸好律师使用了一种聪明的办法，他先赞美了房东的精明能干，接着又表示了对房子的喜欢，最后再说自己觉得房租太贵，在这个过程中，房东完全对他撤去了戒心，因为两人的谈话始终在一个友好的气氛中进行，没有任何争执。而律师也得到了他期望的结果——房东减少了租金。

美国总统威尔逊说过："假如你握紧两只拳头来找我，我想我可以告诉你，我会把拳头握得更紧；但假如你来找我，说道：'让我们坐下商谈一番，假如我们之间的意见有不同之处，看看原因何在，主要的症结在什么地方？’我们会觉得彼此的意见相去不是十分远，我们的意见不同之点少、相同之点多，并且只要彼此有耐性、诚意和愿望，我们相处并不是十分难的。”

贝鲁特是一家企业的所得税顾问。有一次，为了一笔关键的 8000 美元，他和一名政府的税务稽查员争论了两个小时。这 8000 美元实际是应收账款中的死账，没法收回来，所以不该征所得税。可那位稽查员却执意要收。那位稽查员傲慢、冷酷，而且固执，越和他争执，他就越顽固。

贝鲁特知道这样争执下去，是不会有结果的，于是，他改变了策略，他开始想办法称赞这位稽查员，他说这件事比起其他要处理的重要而困难的事情，真是不值一提。贝鲁特说自己对税务问题的研究大多是来自书本上的死知识，而稽查员的工作经验丰富，知识全是实际工作经验的总结。他真羡慕这样的工作，那会学到很多知识。这些话使稽查员在椅子上坐直了，长时间地谈论他的工作，并说起了他的孩子。当时的紧张气氛一下子就缓和了。到临走时，稽查员告诉贝鲁特他要考虑一下这个问题，几天以后再答复。三天后，稽查员给贝鲁特打来了电话，那些所得税，他决定不征了。

在这个例子中，贝鲁特为了达到自己的目的，先后用了两种方法：与人争辩和有话好好说。使用前一种方法时，那位稽查员变得越来越顽固了，而使用后一种方法时，稽查员却被软化了下来，他不用拼命坚持自己的立场，最后贝鲁特取得了成功，稽查员放了他一马。与人交往中，如果你在情绪激动时和人争论一场，你的气也许会随之消失，但你那种挑战的口气、敌意的态度，会使他赞同你的意见吗？如果贝鲁特自认有理，与那个稽查员争论不休的话，那最后可能是另一种结果了。

我们绝不可能用口头的争斗改变任何人的思想，绝大部分的争论，都会使对方更加坚持自己的立场。而且即使你偶尔获得了争论的胜利，那你也得不到别人的服气和好感！所以遇到难缠的人和事，不妨动之以情、晓之以理，相信一定会取得令你满意的结果！

"圆"是处世之道

个人的事业成功、家庭幸福、生活快乐都与人际关系有着密切联系。而为人处事的技巧则能使你在与人际交往中如鱼得水，是你在现实世界中拼搏、奋斗的有力武器。

品质要方，处事要圆

为什么铜钱是内方外圆？这就是中国辩证哲学的集中体现，做事要方，做人要圆。

人活在世上，无非是面对两大世界，身外的大千世界和自己的内心世界。人一辈子无非是做两件事——做事和做人。怎么做事和怎么做人？从古到今都是人类探讨的课题。多少人一辈子都在哀叹做人难，难做人，人难做，但一枚小小的铜钱却将一切变得那样简洁，那样明白。

先说方，做事要方，便是说做事要遵循规矩，遵循法则，绝不可乱来，绝不可越雷池一步，这个理在中国已流传了上千年。

中国人常说的"没有规矩不成方圆"、"有所不为才可有所为"，就是"方"个道理。

每一个行当都有不可逾越的行规。比如说做官就绝对要奉守清廉的原则，从一开始就要做好承受清贫之苦的思想准备，就像曾国藩家训"八不得"中的一条"为官要清，贪不得"一样。如果做官的动机不纯或慢慢变质，企图以权谋私或权钱演变，那这个官就绝对当不好、当不长了。

为商要奉行的金科玉律是一个"诚"字。真正的大商人必是以诚行天下，以诚求发展，绝不会行狡诈、欺骗之伎俩，绝不会为一些蝇头小利或眼前得失而失信于天下。像韩国商业楼倒塌而产生的震惊世界的惨案，便是因为建筑承包商在建造大楼时偷工减料；像中国鳖精厂家的秘密彻底被揭露，是因为生产的竟是没有鳖的鳖精，为此他们犯了行商的大忌，终将自食苦果。

做学问信奉的是一个"实"字。一步一个脚印，一天一点长进方能积少成多，积薄成厚。那些虚假的沽名钓誉之辈终将会成为人类的笑柄。

做人要圆。这个圆绝不是圆滑世故，更不是平庸无能，这种圆是圆通，是一种宽厚、融通，是大智若愚，是与人为善，是居高临下、明察秋毫之后，心智的高度健全和成熟：不因洞察别人的弱点而咄咄逼人，不因自己比别人高明而盛气凌人，任何时候也不会因坚持自己的个性和主张让人感到压迫和惧怕，任何情况都不会随波逐流，要潜移默化别人而又绝不会让人感到是在强加于他们……这需要极高的素质，很高的悟性和技巧，这是做人的高尚境界。

圆的压力最小，圆的张力最大，圆的可塑性最强。

这圆好做又不好做。好做是因为如果人真正有大智慧、大胸襟，真正能自强自信，心态平和，心地善良，凡事都往好的一面想，凡事都能站在对方的立场为他人着想，人的弱点皆能原谅，即便是遇见恶魔也坚信自己能道高一丈，如真能那样，人还有什么不好做呢?

如若不是这样，凡内心孤独的人必喜虚张声势；内心弱小的人必好狐假虎威；心中有鬼的人必爱玩弄伎俩；没有自信的人必会尖酸刻薄，试问这样的做人从何谈圆?

当然也不乏有人为了某种利益和目的不惜敛声屏息，不惜八面讨好，不惜左右逢“圆”。但这种圆和那种圆有本质的区别，这种“圆”的后面是虚伪和丑恶。

任何成功的后面都包含着牺牲。如果说有人能做到内方外圆的话，那也肯定包含了许多的牺牲。比如说做事要方，做事要有规矩、有原则，那就意味着许多事不能做、许多事又非要做，那无疑也就意味着会得罪许多人，惹恼许多人，意味着要舍弃许多利益甚至招来杀身之祸。如中国的民族英雄岳飞，但在“忠”与“孝”之间，为了“忠”舍弃了“孝”。为了这种原则，他惨死在风波亭。

做人圆，那也会有牺牲。有时要牺牲小我；有时要忍辱负重，忍气吞声；有更多的时候要承受屈辱、误解，甚至来自至亲至爱的人的伤害。如明明你在履行一种神圣的职责，别人却以为你好大喜功；明明你是深谋远虑，别人却认为你是哗众取宠。

小牺牲换来小成功，大牺牲换来大成功。能做到“方”“圆”的，并且没有感到那是一种牺牲、痛苦的才是大成功、大境界；能为了“方”“圆”去承受牺牲的是小成功、小境界；不愿牺牲也做不到“方”“圆”的是不成功。如果截然相反，只要有利，不择手段，什么都敢干，做人刁钻古怪，锋芒毕露，心狠手辣的话，那这个人一定会糟糕透顶，不能容于天下了。

要融入社会大家庭

有一位女孩叫小敏，读高中一年级。随着青春期的到来，她慢慢地产生了摆脱父母的心理，开始有自己的书房和小书桌，每天偷偷地写日记后，藏在抽屉中，不让妈妈看。她希望用自己的内心去体验世界，可是面对纷繁的现实世界，繁杂的人际关系以及沉重的学习压力，小敏又感到一种内心的不安全。于是，她开始变得孤僻，害怕人际交往，心中产生一种莫名其妙的封闭心理。有时，一个人跑到小河边望着宁静的河水流泪，顾影自怜。她渴望与同学进行交往，羡慕其他同学快快乐乐、无忧无虑地参加集体活动，可她却又害怕主动与别人交往，还抱怨别人对她不理解、不接纳。

这种心理特征就是自我封闭，与外界隔绝，孤单寂寞，生活在个人小圈子里，难以与人交往，发展到一定程度，就成为一种心理疾病。为什么会有这样一种自我封闭心理呢?

一般来讲，有以下几个原因：

1. 由于过分自尊的心理所致。世界著名心理学家马斯洛的自我实现心理学，提出了人的自尊需要。其实，每个人都希望自己得到公众的尊重和喜欢，但是这种自尊的需要仅仅是自己本人的一种希冀，能否在事实上得到，则取决于公众对自己言语、举止、行动的评价和肯定。如果说将自尊的需要作为一种行动去指导自己的行为，这本没有理论上的错误，问题是这种自尊心理不能过分。

一个人在社交中过分自尊心理占据指导和支配地位，就会怕自己的行为是否失当，怕人们会怎么看待自己，甚至有时会不愿与比自己强的人交往，担心相比之下，会掉自己的“价”，失去尊严。如此思来想去，就会把自己封闭起来，不与外界往来，孤家寡人，慢慢地就难以适应现代社会了。

2. 由于自卑情绪所致。自卑是人们对自己虚设的一种自我否定，也就是说“自己瞧不起自己”，缺乏自信和自强。这种心理一般表现为害怕失败，或者说不能正确对待失败。日本有学者研究认为有自卑感的人，一般属于下列十种类型之一，或是合乎其中两种以上：

（1）为了追求超过限度的愿望而心焦气躁。

（2）由于企求赞赏的愿望太迫切，反过来责备别人。

（3）产生自己是十全十美的错觉，因而自以为能够产生本身产生不了的力量。

（4）企盼做出超出能力的事，由于达成无望，因而经常消极地嘲笑自己。

（5）曾经在竞争上输给别人，却一直难以忘怀。

（6）被别人的成功所压倒，叹息“鸿运”没有降临到自己头上。

（7）没有测量自己的尺度，总是以别人的尺度测量自己。

（8）逢人便说：“我的工作条件不好，怎能成功？”借此逃避自己的责任。

（9）经常担心被别人看穿了自己的烦恼，因此与人接触总是戒意在先。

（10）不敢面对缺乏能力的自己——刻意逃避自己，事实证明，有自卑感的人，总是畏畏缩缩，社交时自然“不战而败”。

3. 受羞怯心理的影响。怕羞者常常担心自己被别人否定，他们总是把别人看做是自己的法官，这样一来，跟其他人在一起就会感到不自在。特别是和名人或比自己水平高的人交往，这种“不自在”好比芒刺在背，久而久之就会把自己封闭起来，不与他人往来。

4. 愚昧无知所致。一位西方心理学家指出："愚昧是产生惧怕的源泉，知识是医治惧怕的良药。"例如他人正在谈论的一个话题，如果一个根本不知晓此类问题的人，在这种社交场合下，若是不介入谈论，就会明白地告诉他人自己是无知于此道；若是介入谈论，便会由于无知而"出丑"，所以这种进退维谷的局面，便会使他封闭自我，不参与社交，孤立于一隅。

要想方圆做人，就要走出自我封闭的圈子，就要克服上述心理障碍，正确识自己，勇敢面对社会面对他人，走向圆满成功的人生。

（1）要有社交成功的愿望。只要你想进入大家的圈子，想成为社交的一员，想受到大家的欢迎，想有许多朋友，你就会努力去学习社交，你就会调动你的一切智慧去掌握社交的技能，你最终就会学会社交。

（2）要敢于表现自己的长处。每个人都有自己的长处，只要你相信自己有能力去和别人交往，你就会发展自己的长处，不断地显示自己的长处，你就会吸引别人的注意，你就会找到自己的志同道合者。不要怕自己不行，要相信自己会比别人做得更好，只要你有自信，你就会使自己的长处得到充分的发挥。

（3）在别人面前承认自己的缺陷与不足，不但不会丢脸，反而会赢得别人的尊敬。每个人都有自己的短处，敢于承认自己的短处的人是最勇敢的人。很多人不敢在别人面前承认自己的缺陷和不足，害怕别人看不起他，其实"头上的烂疮疤盖是盖不住的"，只有承认它的存在，才有改正的可能。另外，每个人都有不足，你承认自己不足也没有什么可丢人的。相反，你敢于承认自己不足，大家会认为你是个诚实的人，值得信赖，就会愿意和你结交，和你成为朋友。

（4）多与别人交谈，敞开心扉，能容他人，他人也就能容你。交谈是开心的钥匙，只要与人交谈就会收到交际的效果。多与人交谈就会渐渐地敢于说出自己的心里话，就会与人坦诚相待，就会容许别人发表自己的见解，彼此相容就会达成一致，就会建立友谊，你也就学会了交际。

以诚待人，谦和处事

一位老师，据说是中国经济与法律结合方面的第一人——法律系的博士又读了经济系的博士后。按说，这样一个老师应该是学识渊博，大受欢迎的了，可事实恰好相反，大家对他的评价反倒不如那些整天抱着讲义照本宣科的老师。

原因何在呢？的确，这个老师有着丰富的知识，同时大量的实践经验使他的课讲得深入浅出，但问题在于他没有一点交际技巧。讲到"股份有限公司"

就眉飞色舞地讲某年某月他策划了一个事情，讲到上市公司就手舞足蹈地回忆他当初参与的一个招股公告。其实，本来对一个有着极高学历的兼职律师来讲，参与了这些事情不足为奇，可按照他讲的语气、方式来推理，天下没有他没干过的事了。久而久之，大家便带着一种玩笑的态度看他在课堂上“表演”了。

这个老师为什么如此的“痴”呢？想来想去，最后发现原因在他第一堂课的一句话上：一定要把理论与实践相结合。本意的确不错，在哪儿都找不出毛病，可这句话套到这个老师身上就有点儿问题。

这位老师为人极为踏实，说过了“一定要”就决不反悔，在他的观念里，每个问题都“一定要”理论联系实际。于是，本应生动有趣、深入浅出的案例在他讲起来成了一个冷冰冰的过场，自然效果不佳。

争执之下无胜者

在生活中，不懂得用“圆”的忍让技巧的人往往要吃大亏，或者造成“两败俱伤”的结局。

陈忠实先生的《白鹿原》不仅是一部长篇小说，也是一部人生百科全书。它以无与伦比的真实描述了中国人人生的诸多方面。

白嘉轩和鹿子霖两家是白鹿原上的两个很有势力的家庭，分别代表着白家和鹿家两大姓氏，这两家其实又同族。白、鹿两家都是当地有头有脸的人物，却又免不了钩心斗角。白嘉轩一家较鹿子霖一家更为仁义，更有声望。白嘉轩以族长的身份处理过很多家庭纠纷，深得众望。然而，白嘉轩在父亲死后，却陷入一桩田产纠纷里。在给父亲修造坟墓时，一位前来帮忙的鹿姓小伙，在无可奈何之际，想卖半亩地给嘉轩。嘉轩答应了。中人冷先生向嘉轩说了卖主的开价，嘉轩当即说：“再加三斗”。这种罕见的豁达被当作慈心善举在村民中受到赞颂。白鹿村的小姓李家的一个寡妇也找到冷先生，求他作中人卖掉六分水地给白家。嘉轩便慷慨地说：“孤儿寡母，甭说卖地，就是周济给三斗五斗也是应该的。加上五斗！”

在契约上签名画押后的第二天早晨，白嘉轩来察看新买的六分地，却看见鹿子霖正在指使人犁那片地。白嘉轩一看火了：“子霖，你怎么在我的地里插铧跑马了？”

子霖佯装惊讶地说：“这是我的地呀！”

白嘉轩说：“这得凭契约说话！”

鹿子霖说：“我不管契约。李家寡妇已经把地卖给我了，她家借过我五斗麦子，八块银元，讲定用这块地作抵押，逾期不还，我当然就要套犁圈地了！”说着就从长工手里夺过鞭子接过犁把，示威似的翻耕起来。

白嘉轩一跃上前抓住骡马缰绳。两个人随之就厮打在一起，接着，两家的亲门近族男子也一起上手，很快就发展为白鹿两姓阵势分明的斗殴，满地都是撕破的布片和丢掉的布鞋。直到冷先生来到，大喝一声“住手”，并且一手拉住一个，才算解劝开了。冷先生把二人一直拖到他的中医堂，让二人各自洗去脸上手上的血污，然后在他们抓破的伤口上敷了白药，止了血。冷先生说：“就此罢休的话，你俩现在都回去吃饭；罢休不了的话，吃罢饭上县去打官司。”

原来鹿子霖所说也是事实，只是李家寡妇看白家出的价高，才又卖给白家。白嘉轩弄清楚后，却无法原谅鹿子霖，认为鹿家怎么也应该说一声，而不应该啥话也不说就圈地，这明显是向他脸上撒尿。他手里攥着契约，向县府投了诉。鹿家也向县府投了诉。子霖的父亲怕子霖示弱，以后受白家的欺负，坚决支持儿子打官司，并表示倾家荡产也要打赢这场官司。

白嘉轩顺便找了姐夫朱先生，想让这位极负盛名的学者给知县提示一下。朱先生说已替他写了一件诉状。白嘉轩回到家一看，却是一首诗：

“致嘉轩弟：倚势恃强压对方，打斗诉讼两败伤；为富思仁兼重义，谦让一步宽十丈。”

嘉轩看罢，气先消了一半，连叫“惭愧”。朱先生又给子霖写了同样内容的信，两家终于重修旧好，抱拳打拱，互致歉意，并表示都不要李家的地了，还各自周济给李家一些粮食和银元，帮助寡妇渡过难关。这件事令李家寡妇和乡民非常感动，县令批为“仁义白鹿村”。

一场几乎会导致白鹿两家倾家荡产的诉讼以如此方式了结了。打官司，一方面是咽不下这口恶气或争强斗狠，一方面也是因为六分地。两家虽然都知道打了官司的后果，还要一意孤行，不过是因为不想吃亏。然而这“不想吃亏”导致的结果只会使双方在钱财、人缘和家族的仇恨上吃更大的亏；如果双方都能让步，岂不是“吃亏是福”的活生生的写照吗？多亏了“圣人”朱先生，一副拙朴心肠才使两家化干戈为玉帛，又为两人争得了好名声。

因此，一个人不论遇到何事，一定要能忍让时就忍让，尽量避免两败俱伤的结局！

方圆做人的秘籍

要想成功地方圆做人就必须懂得赞美别人。

威廉·詹姆斯说过：人性的根源有一股被人肯定、称赞的强烈愿望，这是人和动物的最大不同点。谁不想被身边的人称赞？谁不希望被旁人肯定自己存在的重要性与价值？但是，十分露骨的奉承话，却没人愿意听，而发自内心的真诚的赞美，却能打动任何人的心。

霍尔·凯因出身卑微，父亲是个铁匠，由于家庭环境清苦，只读了8年书就辍学出去找事做。不过，他很喜欢十四行诗和民谣，特别崇拜英国诗人罗塞迪的文学与艺术修养。他一时兴起，写了封信给罗塞迪，赞美他在艺术上的贡献。

罗塞迪非常高兴，心想："如此赞美我的人，一定也是很有才华的人。"于是请霍尔·凯因来伦敦当自己的秘书。这成为霍尔·凯因一生的转折点。自就任新职后，他和当时的文学家密切往来，得到他们的支持和鼓励，再加上自己不断的努力，不久，其文学名声便远扬各地。

如今，霍尔·凯因在曼岛的私人宅邸，已成为世界各地观光者向往的名胜之一。据说，他身后留下的财产，远在250万美金以上。如果当初他未曾写信给罗塞迪，说不定就穷途潦倒地过完一生。

真诚的赞美就有这样不可名状的威力。

赞美作为一种交际行为和手段，它的作用在于：激励人们不断进步；能对人的一生产生深刻的影响；能沟通人与人之间的感情。

黄宗英采访柑橘专家曾勉时，以一个外行的身份谈到老专家的"枝序修剪法"，老专家知道对方是真诚地尊重自己，居然了解到自己的具体专业成就，自然，二人也就沟通了情感。

赞美他人的时候应注意：

（1）赞美要发自内心、真心真意。如果言过其实，对方就会怀疑你的真实目的。

（2）最需要赞美的不是早已名扬天下的人，而是那些自卑感很强的人，特别是那些被压抑、自信心不足的人。他们一旦被人真诚地赞美，就有可能自信心倍增，精神焕然一新，重新鼓起生活的勇气。

（3）赞美要具体，不要含糊其辞。否则只会使对方窘迫、混乱，甚至紧张。赞美越具体，表明你对他越了解，从而越能拓展人际关系。另外，不要赞美他身上众所周知的长处，应赞美他身上既可贵又不为人知的特点。

（4）要注意赞美的分寸。适度的赞美能使人树立信心。反之，会使人反感、难堪，所以，赞美的内容要适度，要有分寸，要恰如其分；赞美的方式、地点要适宜；赞美的频率要适当。

其实人人都需要赞美，需要别人的肯定，抓住了这个心理，你就抓住了交际成功的关键。

多用赞美语，不用花钱，就能买到最珍贵的友谊。

立足社会时刻记住要“低头”

一次，本杰明·富兰克林到一位前辈家拜访，一进门，他的头就狠狠地撞在了门框上，疼得他一边不住地用手揉，一边看着比正常标准低矮的门。出来迎接他的前辈看到他这副样子，笑笑说：“很痛吧？可是，这将是你今天拜访我的最大收获：一个人要想平安地活在世上，就必须时时刻刻记住‘低头’。这也是我要教你的，不要忘了。”富兰克林把这次拜访看成最大的收获，他牢牢记住了前辈的教导，并把“谦逊”列入他一生的生活准则之中。

涉世之初的青年男女，刚刚告别自由浪漫的校园生活，脱离父母家庭的呵护宠爱，难免保留着学生时代的理想色彩和为人子女的娇惯任性。怀着满腔热血，揣着远大抱负，想轰轰烈烈干一番事业，是每个初涉社会的青年的良好愿望。然而，纷纭复杂的现实世界并不像他们想象的那么美好。面对坎坷、荆棘和生活道路上横生的障碍，现实者吸取教训，学会审视、思索，采用迂回和缓的方法去战胜和超越；理想者则傲气不敛，锋芒毕露，小觑或无视生活有意无意设置的低矮“门框”，其结果只能被碰得头破血流，成为不得不在风车前败下阵来的堂吉诃德。

人生漫长，变幻莫测，在前行的道路上难免品尝碰壁饮恨、伤心失意的苦涩滋味。碰壁并不可怕，可怕的是碰后不回头，痛不思变。在厚重坚固的“门框”前面，暂时的低头并不意味着卑屈和不顾人格，更不表明失去原则和自尊，而是一种艺术的处世方法和智者的表现。

能屈能伸，刚柔兼并，从来不失为男子汉大丈夫的气度和风范。一时的低头是为了长久的抬头，正如暂时的退让是为了更好地前进。虽然我们并不都能成为富兰克林，但学会低头，拥有谦逊的美德，确是人生学习的功课，是人生最大的收获和至尊的品格。

学会低头，也就学会了审时度势，把握全局，小忍以图大谋。学会低头，就能顺利穿过生活中意想不到的低矮“门框”而免受无谓的伤害。

与人交往要亲疏有度

人们知道，松软、富于弹性的东西可以避免或减轻物体之间的碰撞或挤压。人际交往也是同样的道理。交际如果带上了一定的“弹性”，就可以缓和彼此的矛盾，消除相互之间的误会，还给自己留下了慎重考虑、再做选择的余地，从而更好地达到交际的目的。

（1）和初次接触的人交往。因为是初交，彼此不怎么了解，心灵尚未沟通，如果过急地亲密，则很容易让人产生交际动机不纯或交际态度轻薄的看法。生活中有许多人和别人打交道时总是“见面熟”，使人大惑不解，其真诚程度往往因此大大地打了折扣。相反，如果在初次交往时过于冷淡，又易使人产生你目中无人或深不可测、老谋深算的感觉，使人望而生畏。一般来讲，许多人不愿与过于“老成”的人交往，因为和这类人交往总得带着戒备的心理，以防被对方捉弄。所以，在初次与别人交往时，应通过逐步的接触，视了解的程度和可不可交的情况来确定交往的深度和关系的疏密。那种急于求成、匆匆结友的做法，恐怕有点失之慎重。日常交际实践中，由于缺乏必要的了解就盲目走到一起的人常常上当受骗，酿成终身之恨。尤其是青年男女，在相互不了解彼此的性格、爱好、志向的情况下匆匆成婚而酿成悲剧者，不乏其例。当然，因过于谨慎、过于冷漠而失去交友的良机，也是让人遗憾的事情。在初次交往时最聪明的做法是让你的交往带上“弹性”，有伸缩自如的余地，这样就既能把握住良机，又能慎重、充裕地来进行交往。

（2）和有隔阂的人交往。人与人之间总是难免存在着隔阂，一旦隔阂存在，在交往时必然产生一定的戒备心理。尤其是与那些本来相识甚至是好朋友的人，在发生误解之后而失去来往又重新打交道的时候，只要有一方在处理关系时有所不慎，都可能引起另一方的高度敏感，甚至使双方的关系进一步恶化。

所以，和与自己有隔阂的人交往时，一般应既主动接近，又保持适当的距离；既“察言观色”，掌握对方心理，又不过于敏感，捕风捉影，胡猜乱疑。一切都应处理得从容不迫，富有“弹性”，留有余地，随着交往的增多，彼此重新认识并意识到过去的误解或认识上的差异，那么，双方的隔阂或矛盾就会自然消除。

（3）在一些特定场合下的交往。有些场合的交往也需要讲究点弹性，比如在公关活动中，在商业、外交谈判中。这些特殊的交往如果不讲究“弹性”策略，就会操之过急或失之偏颇，一般来讲，在公关活动中，公关的目的是为了尽最大努力树立自己美好的形象，扩大知名度，赢得别人的信赖，从而更好地进行交往。在这种场合下，交往既应实事求是，又应维护自己的形象或所代表机构的声誉，如果一味趾高气扬、自大吹嘘，不仅败坏了自己的形象，公关也会化为泡影。反之，一味低三下四，“谦卑”十足，也同样让人倒胃口，让人觉得你的公关形象猥琐丑陋，甚至产生不屑与你交往的想法，所以公关活动，有方法技巧可言，“弹性”公关就是其中之一。同样，在商业、外交谈判中也存在同样的问题，双方既是竞争对手，又是合作伙伴；既可能是敌人，也可能是朋友，在这种情况下的交往，就是要在双方既矛盾又统一的状态中，寻找双方都需要和乐于接受的东西。这就需要“弹性”策略，既把关系处理得松紧适度，易于回旋，又能保证不增加矛盾冲突，便于进一步增进联络、加强合作。

（4）在特定情形下的交往。人们进行交往总离不开语言。有些特定语境使人们在言语交际中不可把话说得太肯定、太绝对，而应该灵活多变，可上可下，可宽可窄，可进可退，这也需要在言语交际中带上一定的“弹性”。这样，有利于自己掌握交往的主动权。在交往中时常会遇到这种情况，比如别人要你对某事谈谈看法，而一时又没有完全的把握，你不如利用不确定性词汇，“也许、或许、可能、大概”等来表述你的看法，为自己留下选择的余地。尤其是在复杂多变的情况下，如此表态有滴水不漏之功效。另外，也可以利用一些词语的宽泛性和模糊性使话语带上弹性，比如某男女相爱，别人问男方对女方有何印象时，男方如果不愿以实相告，不妨可以说：“我对她的印象是深刻的。”这里，“印象”一词语义宽泛而模糊，“深刻”也没有什么量的明确界限，这样便使自己的态度带上了“弹性”，为日后进一步交往留下了回旋余地。

弹性策略在交际中的运用是十分有效的，只要你掌握了弹性交往的规则和技巧，你就会在与别人的交往中游刃有余，轻松愉快。

让上司了解和喜欢你

你的顶头上司是你工作生涯里最重要的人物，他手握生杀大权，可以使你工作起来顺利无比，也可以使你根本无法开展工作；可以使工作气氛融洽，也可以使工作变得令人无法忍受。所幸的是，你可以让老板看起来是个好经理也可以是个差劲的经理。

有些老板喜欢把他们的主管卡得死死的；有些老板则放任自流，放手让主管们去干。因此，你要找出老板的风格来。什么让你感到最为舒畅？这其中并不存在什么是与非的问题，这只是为了要把你的工作和老板的管理风格更好地统一起来。知道这一点很重要，因为对你来说，先入为主地设定好你喜欢的老板的类型是件很自然的事。人们对权威有不同的理解和要求，对别人合适，在你却不见得有用，反之，对你有用的，在别人身上则不一定行得通。

如果你是男性，而老板也是男性的话，你要记住，他一开始是否对你满意，有赖于你和他的熟悉程度。你们有什么共同爱好吗？是不是喜欢同一种运动？还是有相同的教育背景？有些老板喜欢那些和他们有许多共同之处的下属；有些，则喜欢他们的下属有异于他们本人，以便互补。比如说，如果一个老板认为他最大的毛病就在于不注意细节，那么，他也许会希望有个在小节上绝不马虎的人来为他工作。

如果你是个男性，而老板是个女性，你最好了解一下对那些掌权女性的所有偏见，如果你自己心存偏见的话，这也许会在你和她的接触当中表现出来。谈一谈这些看法，也许会对你有帮助。

如果老板是女性，你也是女性，那么，你是不是希望她对你好一些？但如果她不是，你也不必对她感到愤怒。你可以通过加倍的努力工作，为女同胞增光，让她也觉得“有面子”。

如果你是个女性，你上司是男性，你可千万不要卖弄风情，注意和老板保持工作关系，保持你工作的高水准，尽可能地自己处理问题，不要动不动就要他帮助，扮演个可怜巴巴的无能角色。在他问你什么的时候，则要果断些。别和老板谈论你的私事。如果你想知道上面的意思，告诉你的上司，并确定你知道上头的意思，如果你有意升职，说出来让老板知道，这样，可以使他更好地了解你，让对方保住“面子”。

有一家卖布丁的商店，每年到圣诞节的时候就将许多美味布丁摆放成一排，你可以选择最适合你口味的布丁，他们甚至还允许你先品尝，然后再做决定。

海特常常想，会不会有些根本不打算买布丁的人利用这个优惠的机会白吃呢？有一天，他向女店员提出了这个问题，才得知的确有这样的事情。

“有这样一位老先生，”她说，“他几乎每星期都来这儿尝一尝每一种布丁，尽管他从来不买什么，而且，我怀疑他永远也不会买。我从去年，甚至前年就记住他了。哎，如果他想来就让他来吧，我们也欢迎。而且，我希望有更多商店可让他去品尝布丁，他看上去好像确实需要这样，我想大家都不会在乎的。”

就在她正跟海特说着话的时候，一位上了年纪的先生一瘸一拐地来到柜台前，开始兴致勃勃地仔细打量起那两排布丁。

“哎，那就是我刚刚跟你说的那位先生，”女店员轻轻地对海特说，“现在你就看着他好了。”说完，又转身对老先生说：“您想尝尝这些布丁吗，先生？您就用这把调羹好了！”

这位老先生衣着破旧，但很整洁。他接过调羹，开始急切地一个接一个地品尝着布丁，只是偶尔停下来，用一块大大的手绢擦擦他发红的眼睛。

海特看到他的手绢已经完全破了。

“这种不错。”

“这种也很好，但稍稍油腻了一点。”

海特想：看起来，他真诚地相信自己最终会买下一个布丁。他一点也不觉得自己是在欺骗商店。可怜的老头！也许他过去有钱来挑选自己最爱吃的布丁，如今他已家境破落，所能做到的也只是这样品尝品尝了。

海特突然动了同情心，走到老人跟前说：“对不起，先生，能赏个脸吗？让我为您买一只布丁吧。这会让我深感欣慰的。”

听完海特的话，老先生好像被刺了一下似的往后一跳，热血冲上他那布满皱纹的脸。

“对不起，”他说，他的神态比海特根据其外表想象出的要高傲得多，“我想我跟您并不相识。您肯定是认错人了。”

说完，老先生当机立断，转身对女店员大声说道：“劳驾，把这只布丁替我包扎好，我要带走。”他指了指最大的也是最贵的一只布丁。

女店员从架子上取下布丁，开始打包。这时，他掏出一只破旧的黑色小皮夹子，开始数起他那些零散且少得可怜的钱来，然后便将它们放到柜台上。

在和他人交往的时候，一定要充分考虑对方的自尊心。即使是帮助别人，也一定要注意方式，给对方留足面子。

千万不能耍“牛脾气”

随便发脾气，造成的损失往往是难以弥补的。你可能从此失去一个好朋友，失去一批客户，同时别人对你的诚意也会产生疑虑。

耍牛脾气的人喜欢固执己见，不仅不愿广开言路，征求意见，也不能正视别人的批评。一味地按自己的想法去做，不理会别人的建议，久而久之，就会被孤立起来。

因此，在工作场合，应客观地判断他人的意见，千万不可固执己见，一意孤行。因为一个人的智慧再高，也比不上众人的智慧。不肯采纳别人意见的人，是得不到他人支持的。

另外，爱耍牛脾气的人脾气暴躁，很容易发怒。而发怒之后容易产生一连串的连锁反应，很容易破坏人与人之间和谐的气氛，最终导致人际关系恶化。有的人也知道这种危害性，但是有时因为一些家庭或个人方面的事情导致情绪低落，心情不好，同事又不小心惹火了他，他便很容易冲动，发起牛脾气来。因为怒不可遏，常常会说许多不该说的话，事后又悔恨莫及。

后悔莫及往往是没有用的。人总希望他人能以宽容的美德对待自己，却不肯真正原谅别人的过错。即使嘴上说了原谅的话，心里仍会想："这家伙，骂我这么难听，你气出完了，就来叫我原谅，有这么容易吗？"甚至嘴里、心里都想原谅对方，潜意识中却仍耿耿于怀。一遇到合适的机会，对对方的反感又会涌上心头。所以，人们在遇到麻烦的时候，或心情不好的时候，尤其应该警惕，不要让自己随意发脾气。因为，乱发脾气根本解决不了任何问题，反而会加重问题。

有一个政党的领袖，正在指导一位准备参加参议员竞选的候选人，教他如何去获得多数人的选票。

这位领袖和那人约定："如果你违反我教给你的规则，你得罚款十元。"

"行，没问题，什么时候开始？"

"就现在，马上就开始，好，我教你的第一条规则是：无论人家怎么损你、骂你、指责你、批评你，你都不许发怒，无论人家说你什么坏话，你都得忍受。"

"这个容易，人家批评我，说我坏话，正好给我敲个警钟，我不会记在心上。"

"好的。我希望你能记住这个戒条，这是我教给你的规则当中最重要的一条。不过，像你这种呆头呆脑的人，不知道什么时候才能记住。"

"什么！你居然说我……"那个候选人气急败坏道。

"拿来，十块钱！"

"呀，我刚才破坏了你的戒条了吗？"

"当然，这条规则最重要，其余的规则也差不多。"

"你这个骗……"

"对不起，又是十块钱，"领袖摊手道。"这二十块钱也太容易了。""就是啊，你赶快拿出来，你自己答应的，你如果不给我，我就让你臭名远扬。"

"你这只狡猾的狐狸！"

"十块钱，对不起，拿来。"

"呀，又是一次，好了，我以后不再发脾气了！"

"算了吧，我并不是真要你的钱，你出身贫寒，你父亲的声誉也坏透了！"

"你这个讨厌的恶棍。"

“看到了吧，又是十块钱，这回可不能让你抵赖了。”这一次，那候选人心服口服了，那位领袖郑重地对他说：“现在你总该知道了吧，克制自己的愤怒并不容易，你要随时留心，时时在意，十块钱倒是小事。要是你每发一次脾气就丢掉一张选票，那损失可就大了。”

那个候选人心服口服地点了点头。

爱耍牛脾气，动不动就跟人抬杠，这有百害而无一益。要采取宽厚的态度，不要为一些小事而斤斤计较，那只会使事情更糟，只会破坏你跟别人的感情。

心怀报复最终会伤了自己

当我们对敌人心怀仇恨时，就是付出比对方更大的力量来压倒我们，给敌人机会控制我们的睡眠、胃口、血压、健康，甚至我们的心情。如果我们的敌人知道他带给我们很多的烦恼，他一定要高兴死了！憎恨伤不了对方一根汗毛，却把自己的日子变成了炼狱。

猜猜看下面这句话是谁说的：

如果有个自私的人占了你的便宜，你可以把他从你的朋友名单上除名，但千万不要想去报复。一旦你心存报复，对自己的伤害绝对比对他的要大得多。这话听起来像是哪位理想主义者说的。其实不然，这段话曾出现在纽约警察局的布告栏上。

报复怎么会伤害自己呢？有好几种方式。《生活》杂志告诉你报复可能毁了你的健康。《生活》杂志如是说：“高血压患者最主要的个性特征是仇恨，长期的愤恨造成慢性高血压，引起心脏疾病。”

耶稣说：“爱你的敌人。”他可不只是在传道，他宣扬的也是本世纪的医术。当耶稣说：“原谅他们77次”，他是在告诉我们如何避免罹患高血压、心脏病、胃溃疡以及过敏性疾病。

如果一个人得了严重的心脏病，医生会命他卧床休养，交代他不论发生什么情况都不得动怒。医生知道如果心脏衰弱，任何一点愤怒都会要人的命。真的会要人命吗？几年前华盛顿一位餐厅老板就因一次愤怒而亡。一份警方报告说：“威廉·法卡伯曾是咖啡店老板，因厨子坚持用碟子饮用咖啡，竟一怒而亡，因为他急怒之下抓起左轮枪追杀厨子，既而导致心脏衰竭，倒地不起。验尸报告宣告心脏衰竭的起因是愤怒。”

当耶稣说“爱你的敌人”时，他也是在告诉我们应如何改进自己的容貌。我看过，我相信你也看过一些人的容貌因仇恨愤懑而布满皱纹或变形。再好的整形外科也挽救不了，更远不及因宽恕、温柔、爱意所形成的容颜。

仇恨使我们即使美食当前也食不知味。《圣经》上是这么说的："充满爱意的粗茶淡饭胜过仇恨的山珍海味。"

如果我们的仇人知道他能消耗我们的精力，使我们神经疲劳、容颜丑化，搞得我们心脏发病、提早归西，他难道不会拍手偷笑吗？

即使我们没办法爱我们的敌人，起码也应该多爱自己一点。我们不应该让敌人控制我们的心情、健康以及容貌。莎士比亚说过：

"仇恨的怒火，将烧伤你自己。"

当耶稣要求我们原谅敌人77次时，他也在谈生意。举例来说，来自瑞典乌普萨拉的乔治·罗纳先生。几年来都在维也纳从事律师工作，一直到第二次世界大战才回到瑞典。他身无分文，急需找到一份工作。他能说写好几种语言，所以他想找个进出口公司担任文书工作。大多数公司都回信说因为战争的缘故，他们目前不需要这种服务，但他们会保留他的资料等等。其中有一个人却回信给罗纳说："你对我公司的想象完全是错误的。你实在很愚蠢。我一点都不需要文书。即使我真的需要，我也不会雇用你，你连瑞典文字都写不好，而且你的信错误百出。"

罗纳收到这封信时，气得暴跳如雷。这个瑞典人居然敢说他不懂瑞典话！他自己呢？他的回信才是错误百出呢。于是罗纳写了一封足够气死对方的信。可是他停下来想了一下，对自己说："等等，我怎么知道他不对呢？我学过瑞典文，但它并非我的母语。也许我犯了错，我自己都不知道。真是这样的话，我应该再加强学习才能找到工作。这个人可能还帮了我一个忙，虽然他本意并非如此，而且表达的非常糟糕，但不能抵消我欠他的人情。我决定写一封信感谢他。"

罗纳把他写好的信揉掉，另外写了一封："你根本不需要文书员，还不厌其烦地回信给我，真是太好了。我对贵公司判断错误，实在很抱歉。我写那封信是因为我查询时，别人告诉我你是这一行的领袖。我不知道我的信犯了文法错误，我很抱歉并觉得惭愧。我会再努力学好瑞典文，减少错误。我要谢谢你帮助我成长。"

几天后，罗纳又收到回信，对方请他去办公室见面。罗纳如约前往，并得到了工作。罗纳自己找到了一个方法——以柔和驱退愤怒。

我们可能不能神圣到去爱敌人，但为了我们自己的健康与快乐，最好能原谅他们并忘记他们，这样才是明智之举。

有人曾问艾森豪威尔将军的儿子，他父亲是否曾憎恨某些人。他回答："没有，我父亲从不浪费一分钟去想那些他不喜欢的人。"

有一句老话说，不能生气的人是傻瓜，不会生气的人才是智者。

前纽约市长威廉·盖伦就以此作为他从政的原则，他曾遭枪击，险些致命。当他躺在病床上挣扎求生时，他还说："每晚睡前，我必须原谅所有的人与事。"听起来太理想化，太天真了吧？那么，我们再听听德国哲学家叔本华的思想吧，他在《悲观论》中把生命比喻为痛苦的旅程，然而在绝望的深渊中他仍说："如果可能，任何人都不应心怀仇恨。"

有人请教巴洛克——他曾任美国六任总统的顾问，包括威尔逊、哈丁、柯立芝、胡佛、罗斯福以及杜鲁门——他遭受政敌攻击时，有没有受到困扰？

"没有任何人能侮辱我或困扰我，"他回答说，"我不允许他们这么做。也没有任何人能侮辱我们或困扰我们——除非我们自己允许。棍棒石头可以打断我的骨头，但语言休想动我分毫。"

几个世纪以来，人类总是敬仰不怀恨仇敌的人。加拿大有一个国家公园，此处可欣赏美洲西部最壮丽的山景，这座山是为了纪念英国护士爱迪丝·卡韦尔于1915年10月12日在德军阵营中殉难而命名的。她的罪名是什么？她在比利时家中收留照顾一些受伤的法军与英军，并协助他们逃往荷兰。在她即将行刑的那天早上，军中的英国牧师到她被监禁的布鲁塞尔军营中看她，卡韦尔喃喃说道："我只知道我不应该对任何人怀恨或怨愤。"4年后，她的遗体被送往英国，并在威斯敏斯特教堂内举办了一场纪念仪式。我曾在伦敦住过一年，常到卡韦尔的雕像前，读着她不朽的话语："我只知道我不应该对任何人怀恨或怨愤。"

要想真正宽恕并忘却我们的敌人，最有效的办法还是诉诸比我们强大的力量。因为我们可以忘记一切的事，当然侮辱也显得无足轻重了。

1918年，密西西比州有一位黑人教师兼传教士琼斯即将被处以死刑。几年前我拜访了琼斯亲手创办的学校，并向学生做过演说。现在它已成为一所全国有名的学校，但我要说的这个故事是很早以前的事。当时还是第一次世界大战的时候，密西西比州中部流传的谣言说，德军将策动黑人叛变。琼斯被控策动叛乱，并将被处以死刑。一群白人在教堂外听到琼斯在教堂内说道："生命是一场战斗，黑人们应拿起武器，为争取生存与成功而战。"

"战斗！""武器！"够了！这些激动的白人青年冲入教堂，用绳索套上琼斯，把他拖了一英里远，推上绞台，燃起木柴，准备绞死他、烧死他。有人叫道：

"叫他说话！说话！说啊！"于是琼斯站在绞台上，脖子上套着绳索，开始谈他的人生与理想。他1907年由爱达荷大学毕业。他谈到自己的个性、学位，以及令他在教职员中受人欢迎的音乐才能。毕业时，有人请他加入旅馆业，有人愿出钱资助他接受音乐教育，都被他拒绝了。为什么？因为他热衷于一个理想。受到布克·华盛顿的故事的影响，他立志去教育他贫困的同胞兄弟。于是他前往美国南方所能找到的最落后的地方，也就是密西西比州的一个偏僻地方，把他的手表当了1.65美元，他就在野外树林里开始办学校。琼斯面对这些准备处死他的愤怒人们，诉说自己如何奋斗，为教育这些失学的孩子，想将他们训练成有用的农人、工人、厨子与管家。他也告诉这些白人，在他办学的过程中，谁曾经帮助过他——一些白人曾经送他土地、木材、猪、牛，还有钱，协助他完成教育工作。

事后，有人问琼斯恨不恨那些拖着他准备绞死、烧死他的人时，他的回答是，他当时忙着诉说比自己更重大的事，以致无暇憎恨。他说："我没空争吵，也没时间反悔，没有人能强迫我恨他们。"

当琼斯如此真诚动人的谈话，特别是他不为自己求情，只为自己的使命求情时，暴民们开始软化了。最后有个老人说："我相信这年轻人说的是真的，我认得他提到的几个人。他在做善事，是我们错了。我们不应该绞死他，而应该帮助他。"老人开始在人群中传帽子，向那些想绞死琼斯的人募捐了52美元，因为琼斯说："我没空争吵，也没时间反悔，没有人能强迫我恨他们。"

19世纪前，爱比克泰德就曾指出，我们收获的就是我们所栽种的，命运总不放过要我们为自己的罪行付出代价。爱比克泰德说："长远而论，每个人都会为自己的错误付出代价。能将此长埋于心的人，就能不对人发怒、愤懑、诽谤、责难、攻击或怨恨。"

从赫登的《林肯传》中可以看出，林肯"从不依自己的好恶去判断人。他总是认为他的敌人也像其他人一样能干。如果有人得罪他，或对他不逊，却是最合适的人，林肯还是会请他担任该职位，就像对朋友一样毫不犹豫……我想他从未因为个人的反感，或是他的政敌而撤换一个人"。

林肯可以委任相当高的职位给曾侮辱过他的人——包括麦克兰、史瓦德、史丹顿以及蔡斯。按赫登的说法，林肯相信："没有人应受到赞扬或责难，因为我们每一个人都受到教育条件及环境的影响，我们所形成的习惯与特征造就了我们的目前及未来。"

也许林肯是对的。如果你我像我们的敌人一样承袭了同样的生理、心理及情绪的特征，如果我们的人生也完全一样，我们可能会做出跟他们完全一样的事，因为我们不可能会做出别的。让我们以印第安人的祈祷词提醒自己："伟大的神灵！在我穿上别人的鹿皮靴走了两星期路以前，请帮助我不要判断与批评他人。"因此与其恨我们的敌人，不如让我们怜悯他们，并感谢上天没有让我们跟他们一样经历同样的人生。与其诅咒报复我们的敌人，不如给他们谅解、同情、援助、宽容以及为他们祈祷。

《圣经》中有这样一段话："爱你的敌人，祝福那些诅咒你的人，善待仇恨你的人，并为迫害你的人祈祷。"

这段话可以赐给人们内心的平静，而这个世界上许多有权有势的人都无缘享有这样的平静。

为朋友雪中送炭

世事沧桑，复杂多变，起起伏伏，实难预料。昨天的权贵，今天可能成了平民；巨富大款，一夜之间也可能一贫如洗……在商品社会，这种现象并不罕见。落魄者的情况各不相同，有的是政治原因，有的是思想品德所致，还有的是工作失误的结果。不管是主观原因还是客观原因，对于落魄者来说，从天上掉到地下其痛苦心情可以想象。在这种际遇地位剧烈变化的情况下，不少人自惭形秽，觉得没脸见人，也有的则更加自尊、敏感，对他人的态度往往异常关注。

从人生的角度来看，人不可能一帆风顺，挫折、背时是难免的。当人们落难的时候，不仅自己倒霉，同时也是对周围人们，特别是对朋友的考验。远离而去的，可能从此成为陌路人；同情、帮助其渡过难关的，他可能记住你一辈子。所谓莫逆之交、患难朋友，往往就是在困难时候形成的。这时形成的友谊是最有价值、最令人珍视的。

在"文革"中，有一位领导被关了牛棚，没有人敢接近他。他的心情很苦闷，一度丧失了生活信心，动了自杀的念头。这时他的一个部下，不怕受连累，主动来见他，给他送东西，并开导了他，甚至狠狠地批评他的轻生思想，并鼓励他，指出他前途是光明的。他终于坚持了下来。后来这位领导出山后，十分感谢他的这个部下，把他当成知己。这个部下得了重病，他把自己的全部积蓄拿出来给他看病，后来又把他接到自己家里养起来，可见莫逆之交感情之深。

从一定意义上说，对待落魄者的态度不仅是对一个人交际品质的考验，而且也是建立真正友谊的契机。落魄者的情况十分复杂，不能一概而论，而要根据不同情况处之，但是有一些共性的原则是应该遵循的。

1. 看重友谊，继续交往

当他人落魄时，不要嫌弃他们，要怀着真诚的同情心和他们交往。此时与他们交往，要有正确的态度，不应表示怜悯，而应尊重他们，要热情、真诚地继续把他当成朋友对待，使他们看到在最困难的时候有朋友在自己的身边，有助于克服悲观思想，振奋起来。有一个干部被罢官，这是思想意识的问题。这一打击对他十分沉重，很多朋友远离了他，家里很少有人来了。这时，他的一位朋友主动上门来，一见面，他的眼泪不由自主地流了下来，他说，我跌跟头后你是唯一一个来看我的人。他握住朋友的手，久久不放开。在朋友的帮助下，他决心彻底洗心革面，重新做人。

2. 区别情况，具体帮助

对于落魄者，最重要的是从思想感情上安慰他们，帮助他们从错误中摆脱出来，这是最大的帮助。对于在思想意识上的失足者，要善于开导他们，提高其思想、认识。对于落魄者的困难还要给予具体的帮助。一般说来，落魄者会遇到很多生活上的困难，一时难以克服，应该尽可能地给予帮助，使他们渡过难关。有一位落魄者，下台后很是狼狈，很多人不理会他。他的孩子在学校都受其他孩子的欺负。为此事他很烦恼，想让孩子换个学校，可又没有人接收。正在这时，他的朋友主动出面帮助找关系，费了很多周折，才把孩子转学的事办成。不用说这个落魄者是多么地感激这位朋友。对于因歪门邪道、赌博滋事等搞得落魄的朋友，来往时要谨慎，特别是经济来往要控制，应多在思想上对其进行开导和帮助。

3. 交往有度，分寸适当

在与落魄者的交往时，还要注意自己态度和言行的分寸。比如，同他交谈不要用教训人的口气，应该抱着平等，坦诚的态度，这样体现出对他的尊重，他在心理上是容易接受的。再如，不要轻易地触及他的“伤口”，过多地谈及他们已经无可挽回的错误会刺激他们的自尊。同时，落魄者对于自身问题的认识往往比较固执，不可能马上提高，所以，做思想工作应有足够的耐心，要允许他们有一个思考的过程，不要因他们一时想不通，就说他们不可救药，这样无助于他们改正错误，也不利于发展彼此的关系。

不必太在意别人的脸色

茜佳认为自己是个善良的男孩，但他又总为自己的“善良”而苦恼。茜佳最怕别人向他借东西，这绝不是因为他自私，自己的东西舍不得借人。相反，他内心是非常想把自己的东西借给别人用的。但是当别人向他借东西时，他总担心别人会从他的表情、语言看出一丝不悦——尽管他绝没这种意思。

借东西这种事不是天天发生，茜佳的烦恼还能够忍受。茜佳最怕的事情，还是自己日常的言行举止。在表情上，他担心自己脸上会露出清高、骄纵的神色；走路时，他怕头抬高、腰挺直，让人觉得盛气凌人；说话时，他怕自己言语不当，得罪伤害了别人；甚至他遇到什么高兴的事，也不敢表露在脸上，怕别人认为自己是洋洋自得。茜佳曾这样感叹道："我最在意别人的脸色，也最怕别人的脸色。我总是看别人的脸色行事，生怕引起别人一点儿反感和不快。"

茜佳日常所怕的所谓"脸色"，其实就是他内在情绪的外部表现。无论你的老师、同学、父母、亲友、邻居，每人每天都要经历许多事，这当中，不仅要动脑动手动身，还要动容。随着各种事的性质及心里经历的酸甜苦辣，人的表情上会有喜怒哀乐的表现，对此，你看到也罢，看不到也罢，人家的脸色依然是人家自己的脸色，就像人家的呼吸一样，并非是你决定得了的。

别人的脸色，多是别人的情绪表现，并非与茜佳有什么关系。德鲁克今天一脸不高兴，那是因为他与父母发生了矛盾，在怄气，与茜佳走路的姿势根本没有关系。这类脸色，掺和进去干什么？茜佳觉得人家的脸色不对，觉得是自己走路头抬得过高，可人家压根儿就没有注意到这些。这不是在自寻烦恼吗？

有时有些人的脸色，可能确实与茜佳有关，但茜佳也不必为此惊慌失措。茜佳可以这样对自己说："你有不高兴的时候，我也有不快乐的时候；你能给我脸色，我也有脸色，人人都是平等的。"这样一来，茜佳就把自己完全摆在了与对方人格平等、身份平等、心理平等的位置上。于是，茜佳便可稳定情绪，有利于理智地思考和行动；如果对方所给的脸色确系自己言行失当所致，那就主动改正；如果对方的"脸色"部分有理，那就部分改正；如果对方毫无道理地给人"脸色"，那就应该毫不在意地不予理睬。这种傲然、坦然的人格立场，也是一种恒定的力量，久而久之，给人脸色看的人，也就自觉没趣，脸色也就悄然隐匿了。

所以，对于茜佳和有茜佳这类心理弱点的青少年朋友，你们不必特别在意"别人的脸色"。"别人的脸色"，其实是无所谓"有"，也无所谓"无"的。你若有心注意它就有，你若无心注意它就无。我劝大家最好不要太在意别人的脸色，这就需要建立起一种内在的自信。爱看别人脸色的人，必定是一个很自卑的人，总怕自己因为言行不当，被人看不起，被人贬低或否定；也怕惹人不快，或伤害了对方，遭人拒绝和排斥。因为自己太脆弱，就觉得别人承受力差，进而再损伤自己。所以，建立起自信，才是不在乎别人脸色最可靠的保证。

有自信的人，只把心思和精力用于自己该做的正确的事上，用在自己所追求的目标和向往的乐趣中，他就能与人为善，和睦融洽相处，也就不怕出现矛盾，坦然面对非议了。这样的人，永远是快乐者、成功者。

不要嫉妒别人的成功

英国哲学家斯宾诺莎说："嫉妒是一种恨，这种恨使人对他人的幸福感到痛苦，对他人的灾难感到快乐。"

巴尔扎克说："嫉妒者受到的痛苦比任何人遭受的痛苦都大，他自己的不幸和别人的幸福都使他痛苦万分。嫉妒心强的人，往往以恨人开始，以害己而告终。"

伯特兰·罗素是 20 世纪声誉卓著、影响深远的思想家之一，1950 年诺贝尔文学奖获得者。他在其《快乐哲学》一书中谈到嫉妒时说："嫉妒尽管是一种罪恶，它的作用尽管可怕，但并非完全是一个恶魔，它的一部分是一种英雄式的痛苦的表现。人们在黑夜里盲目地摸索，也许走向一个更好的归宿，也许只是走向死亡与毁灭。要摆脱这种绝望，寻找康庄大道，文明人必须像他已经扩展了的大脑一样，扩展他的心胸。他必须学会超越自我，在超越自我的过程中，学得像宇宙万物那样逍遥自在。"

1. 胸怀大度，宽厚待人，需要战胜自己内心的嫉妒。

19 世纪初，肖邦从波兰流亡到巴黎。当时匈牙利钢琴家李斯特已蜚声乐坛，而肖邦还是一个默默无闻的小人物。然而李斯特对肖邦的才华却深为赞赏，怎样才能使肖邦在观众面前赢得声誉呢？李斯特想了个妙法：那时候在钢琴演奏时，往往要把剧场的灯熄灭，一片黑暗，以便观众能够聚精会神地听演奏。李斯特坐在钢琴面前，当灯一灭，就悄悄地让肖邦过来代替自己演奏，观众被美妙的钢琴演奏征服了。演奏完毕，灯亮了，是肖邦站在舞台上，人们既为出现了这位钢琴演奏的新星而高兴，又对李斯特推荐新秀的行为深表钦佩。如果李斯特嫉妒肖邦的才华，他就会成为历史上的丑角，也决不会成为一个伟大的艺术家。

2. 自知之明，客观评价自己，战胜自己的虚荣心。

当嫉妒心理萌发时，或是有一定表现时，能够积极主动地调整自己的意识和行动，从而控制自己的动机和感情。这就需要冷静地分析自己的想法和行为，同时客观地评价一下自己，从而找出一定的差距和问题。当认清了自己后，再重新评价别人，自然也就能够有所觉悟了。

如果一个人不能正确地评价自己，就会和其他人一直在比较。所有的阴影，都因比较而来。比较会导致自卑，越比较，越自惭形秽，样样事情变得杯弓蛇影，就算再有尝试的机会也裹足不前，士气、勇气、志气皆化为乌有。

人们在社会里的种种所谓标准，也并非是一成不变的：知识水准的评定、婚姻制度、贫穷或富有、成功或失败、坚强或懦弱、健康或病态、清高或世俗，现代人对这些看法的改变，也变化得越来越快。一个人实在没必要对自己老是耿耿于怀，耗费自己一生宝贵精力去对种种其实不甚稳定的看法做诚惶诚恐的比较。

3. 少一份虚荣就少一份嫉妒心。

虚荣心是一种扭曲了的自尊心。自尊心追求的是真实的荣誉，而虚荣心追求的是虚假的荣誉。对于嫉妒心理来说，它的要面子，不愿意别人超过自己，以贬低别人来抬高自己，正是一种虚荣，一种空虚心理的需要。单纯的虚荣心与嫉妒心理相比，还是比较好克服的，而二者又紧密相连，相依为命。所以克服一份虚荣，就少一分嫉妒。

学会说："事实就是如此，那又怎样？"

而自我的另一端就是优越感。它的伤害，也同样巨大。一旦抓紧自己优越条件的人，惶惶终日，就为了要维持状态。自己拥有优越感，就再也不能接受比他更优越的事物。他只能看到比他低劣的，这样他心里才会好过，才能有安全感。这种人再也没有机会学习到更好的事物。有优越感的人，整天都在一种防范、衡量、不断比较、据为己有的状态下生活，既不能吸收，也不愿付出，就只能维持。这哪能快乐？

无论是自卑还是自负，都严重影响了人生。不去比较，就会感到满足，也不会因为沾沾自喜而头脑膨胀。别人接不接受你其实没什么大不了，你却一定要接受自己，相信自己，对自己感到满意。

印度思想大师奥修说："玫瑰就是玫瑰，莲花就是莲花，只要去看，不要比较。"

快乐之药可以治疗嫉妒，战胜自己。

快乐之药可以治疗嫉妒，是说要善于从生活中寻找快乐，就像嫉妒者随时随处为自己寻找痛苦一样。如果一个人总是想：比起别人可能得到的欢乐来，我的那一点快乐算得了什么呢？那么他就会永远陷于痛苦之中，陷于嫉妒之中。

快乐是一种情绪心理，嫉妒也是一种情绪心理。何种情绪心理占据主导地位，主要靠人自身来调整。

自我抑制，是治疗嫉妒心理的良药。

自我宣泄，是治疗嫉妒心理的特效药。

嫉妒心理也是一种痛苦的心理，当还没有发展到严重程度时，用各种感情的宣泄来舒缓一下是很有必要的，可以说是一种好方式。

在这种发泄还仅仅是处于出气解恨阶段时，最好能找一个较知心的朋友或亲友，痛痛快快地说个够，暂求心理的平衡，然后由亲友适当地进行一番开导。虽不能从根本上克服嫉妒心理，但却能中断这种发泄朝着更深的程度发展。可借助各种的业余爱好来宣泄和疏导，如唱歌、跳舞、书画、下棋、旅游等等。

战胜自己，就是要消除自己内心的嫉妒，这样你才能正确的对待自己、对待他人，你才能与他人和平共处，同步发展。

与对手和谐竞争

成功者不仅善于竞争，而且还会千方百计地赢得竞争。

对许多人来说，“竞争”这个字眼儿带有一种反面的含意，它可能暗指不正直的行为、隐瞒重要的信息、利用别人的单纯和信任、或以某种不公平的方式使用竞争手段。人类行为学专家们所做的研究，证实了竞争和获胜的重要性。他们断言：“获取胜利——在一场游戏、一项运动或任何事情中——对于一个人的自尊心和健康都具有意义深远的积极影响。”他们认为：获取胜利不仅影响一个人现实的生活质量，而且同样会改变他对未来的生活态度。取胜能建立人的自信心和鼓起高昂的志气。取胜本身就是一种奖励。他们还注意到：在童年时代的竞争中所要求具备的训练和努力，乃是对以后生活中真正的竞争的一种准备。而且，一种奋斗的态度可以扩展到其他领域，提高一个人克服自身局限性、去争取更大成就的兴趣。按他们的说法，“似乎每个人都有一种拼搏获胜的需要，一种考验一下自身才能的需要。”

对于“富有竞争性”这个概念需要下一个现代的、更人道主义的定义。这个定义包含着一种对理想主义准则的强调。竞争与倾轧或欺骗无关。事实上，参加竞争可以是这样一种丰富的经验，在其中每个人都尽最大努力，首先与自己竞争，并体验到社会责任感和对他人关心的意识。

成功者懂得，在成功的顶峰天地是广阔的。

我们大多数人，在感到恐惧、不知所措和工作过度时，就有一种忘记个人的自身价值和个人成就的倾向。我们开始对同事和邻居感到妒忌。忘记了自己也有自身的价值，也有拼搏获胜的品质，我们抬高别人而否认了自己的美德和长处。我们过分严厉地苛责自己，把自己的行为消极地与别人相比。这种过分的自责导致了能力不足的自我感觉和对自身价值的贬低。

当你对自己积极肯定时，就会有一个更强大的自我形象，你对自己的肯定将加强自信心和自我安全感，并赋予你一种更加关心他人的内在基础。于是，你的拼搏获胜的定义就包括了这样的内容：全力以赴，使自己富有竞争精神，在把自己的才能发挥到极限，不遗余力去奋斗追求的同时，怀着温暖的情谊，给予你身边的人以博爱。

成功者努力寻求一种对竞争的更宽厚的态度。因为他们知道：既有使他们自己出类拔萃的机会，也有使别人成就卓著的领地。由于他们主要是和自己竞争，所以，成功者从不为了树立个人威望而对人敌视、不友好或贬低他人。

提醒自己，要从长远处着眼；不要谋求靠着利用别人或把别人引入歧途去取得一时的胜利；不要夺人之功；不要企图靠暗箭伤人去谋取利益。要记住：你是个高度自尊的人，而不要为一时的利益去败坏自己的声誉和他人自尊心。

在现代和平社会中，在与同事竞争的同时，要宽宏大量，不能把同事看成绝对的竞争对手，要在竞争中讲团结、讲合作，以赢得共同的发展。与同事合群，营造一份良好的人际关系，为你进入权力中心打下基础。

同一办公室里有年龄、条件相仿的同事实在是件头疼的事，因为人人都会把你们两个拿来比较。其实办公室里同事间本来是既合作又竞争的关系，以健康心态看待竞争关系，同事的能力愈来愈强，等于是在无形中促使你提升实力。

更何况，在全球化时代，本来就不应该把眼光局限在一屋檐下的同事，而应该将全球的精英视为真正的竞争者，如此一来，自然就不需要把同事当“冤家”看待了。

气量狭小、排挤同事的人，一定也会遭到其他人的排挤；把同事当作阻挡前途的障碍，一定难以在办公室里立足。对于那些跟自己有竞争关系的人，不妨试着去赞美他，或请他帮一个小忙，往往可以神奇地化解彼此间的敌意，在职场上，减少一个敌人的价值胜过增加一个朋友。

当然，作为公司的一位职员，难免会碰到对你横挑鼻子竖挑眼的人，难以相处的人肯定也少不了，如果你对他们也显示出极其厌恶之意，则无异于显示自己度量的狭小。所以你应该拿出你的诚意来，诚心诚意欣赏对方的长处，对于对方出错的地方，你也应该开诚布公地与他商讨，消除彼此之间的敌意。

在公司中，有竞争才有进步。如果你在竞争过程中，输给了竞争对手，这时你更需要有承受打击的度量，不能就此消沉，而应该诚心诚意恭贺、欣赏对手的能力，消除你的敌意，并继续保持你与升迁了的对手的良好的人际关系以及愉快的办公室气氛。这样你的表现会赢得更多人的赞赏，从而为以后的成功奠定坚实的人际基础。

做人最好“糊涂”一点

中国有一句人人都很熟悉的俗语：“难得糊涂。”但凡在生活中有了点成绩、做出了点贡献的，或者很多属于聪明、精明行列的人都在自己的书斋里挂上了郑板桥的“古里古怪”的字——“难得糊涂”。

所谓糊涂，是指一个人头脑不清楚，不明事理。《宋史·吕端传》上有这么一段：“或曰：‘端为人糊涂。’太宗曰：‘端小事糊涂，大事不糊涂。’”同样，当我们看见一个人做事不合常理，或者是有什么错误，我们总是不留情面地教训人家：“你老糊涂了不成？” 而所谓难得糊涂，是说一个人一生精明过人、从不犯迷糊，这类人则最好犯几次糊涂，因为对于他来说，太不容易犯糊涂了。

从古到今，除非是那些傻子白痴之类的人，能认识几个字、知道点人生道理、懂点人情世故的哪个不自以为自己是属于精明人那一类的？说不上绝顶聪明，也该是聪明绝伦的，谁愿意承认自己是一个糊涂蛋呢？

就是那些表面上看着木呆呆的、傻乎乎的，半天不吭一声，看着像个榆木疙瘩的人，人们都不说他们糊涂，而是说“大智若愚”、“大巧若拙”，所以在这个社会中，人人都精明地像峨嵋山上的猴子，只有玩人的份，哪有被人玩的份，你找不到一个类似于糊涂蛋的人。

为什么人一方面要把自己装扮成一个极其灵光的人，而有的时候却又要让自己装出一些糊涂来，我们这些虚伪的人到底在要什么把戏呢？

《红楼梦》中的王熙凤给了我们一个明确的答案：聪明反被聪明误。王熙凤何等的冰雪聪明，简直就是人中之尖子，恐怕这世上有很多男人都不及她。她八面玲珑，九面处世，外柔内刚；她表面向你微笑，暗地里却在给你下套子。一个看上她美色的贾瑞被她的计策整得一缕孤魂上青天；一个看上她老公的尤二姐被她的两面三刀给逼得吞金自尽；而她的“偷梁换柱掉包计”李代桃僵，则送掉了黛玉脆弱的性命。

至于王熙凤的能耐那可大了，整个荣宁两府在她的整治下服服帖帖的，一个秦可卿出殡这样的大事到了她手里简直是小菜一碟。她能说会道，贾府上下没有不知道她琏二奶奶的。

可王熙凤却是一个精明过头的女人，精明到处处好强、事事争胜，哪儿都落不下她，终于得罪了大太太，加之贾母撒手人寰，她的靠山没了，终于落到“聪明反被聪明误，反送了卿卿性命”。

红学家感兴趣的是这样一个精明能干的女人最终结局如此悲惨，全在于她毕竟是一介女流，毕竟没有看透官场上的处世哲学——难得糊涂。她被她的聪明、她的锋芒毕露给害了。

一个人在处事、生活中学会难得糊涂，会在很多方面受益无穷：

1. 避免矛盾和纷争

生活中的许多小事，如果我们采取难得糊涂的态度，睁一只眼闭一只眼，很容易小事化了。而如果你一点都不糊涂，一是一，二是二，矛盾、纷争，甚至流血牺牲都有可能发生。

两个大学生为争电视频道而大打出手，如果一个糊涂一下，让着对方，对方看什么就跟着看，大家就会继续看电视，相安无事，而不是两个人对打起来，一个恼羞成怒，用刀子捅向对方，结果闹出人命，可谓可悲可叹也！

生活中有很多精明的人总是喜欢揪别人的小辫子，抓别人的缺点，以为这样做显示自己比他人高明，实际上这种语言、行为上的丝毫不糊涂却是造成两个人关系疏远、分道扬镳，甚至成为仇敌的根本原因。

2. 可以使自己心态平和

与人交往、处世的关键要使心情愉快，而心态平和是心情愉快的前提，难得糊涂就可以使一个人心态平和。

如果你是一个牙尖嘴利、眼疾手快的人，你必然会发现一些别人注意不到的东西，如果你一笑置之，不加追究，不久你就会忘掉这些东西，而一旦你觉得自己无法不指出来，非要给他人一个暗示，既弄得他人满心不快活，恐怕你自己的心也难以平静下来。

一个老和尚和一个小和尚来到河边，一个年轻姑娘正犹豫着如何过河，看到和尚们来了便求和尚帮助。

老和尚念了一声“善哉”，便抱着姑娘过了河，姑娘千恩万谢地走了。

走了相当长一段路，小和尚突然问：“出家人，不近女色，师父你犯戒了。”老和尚哈哈大笑道：“我早就放下了，怎么你还抱着？”小和尚脸红耳赤。

很多人在处世时就像这个不懂真谛的小和尚，使自己心态处于不平和之中。

3. 与己方便

人常说："给人方便，与己方便。"难得糊涂无非就是给人方便，给人方便，人就会给你方便。两个过于精明的人就像两只正在酣斗的公鸡一样，非要分出个你胜我败来，这于健康的身心是没有什么益处的。

如果你是一个处处不糊涂的人，总是圆睁双眼，警惕地生活，那你累不累呀？你有没有身心疲惫的时候？你何不像一个大智若愚的人那样难得糊涂一下！

（1）要做到难得糊涂，一个人就应具备宽容的美德。有了宽容心，你完全可以对那些鸡毛蒜皮之类的小事付诸一笑，你完全可以对并不重要的事糊涂一下，你完全可以对无关紧要的事网开一面。

如果你这样做了，你会处于一个快乐的心境之中，正如人们常说的："原谅使人快活。"

（2）像宋代的吕端一样"小事糊涂，大事不糊涂"。要分清什么是大事，什么是小事。如果你是一个检察官，对于贪污腐败、行贿受贿之类的事绝不能糊涂；而对同事把你一盒烟拿了、不小心碰了你一下这种小事完全可以糊涂一下。

（3）别成为一个过于精明的人。过于精明的人常好为人师，指手画脚，求全责备，对人苛刻，眼睛里容不得半点不合意之处。这种精明人为了显示其精明处，常常是横挑鼻子竖挑眼，从来都不会难得糊涂一下的，这种人属于招人厌的那一类。就像王熙凤一样，表面上大家都对她唯唯诺诺，可在暗地里，恐怕人人都恨她自以为是的样子。

郑板桥知道"难得糊涂"的奥妙，他一生也就过得潇洒、坦然。

不要让人知道你的帮助

许多人在为他人做好事、行方便的时候，总会顺便告诉对方，心里悄悄地企盼着对方对自己有所肯定。

我们要求自己健全人格，希望自己成为某种有思想的人，所以我们加强自身修养，经常做些好事，对别人施以仁爱。这样做可以提高自我意识，认识到自己善良的品质和积极的自我价值观。

我们为他人做好事的行为本质上是很好的，但是记住：我们只是通过自己善良的行动为他人创造美好生活，而不是为了让别人知道"我有恩于你"。实际上，你做好事的同时，你善良的本性已经使你感觉愉快——你仁爱的意义即在于此，所以千万别图回报。

既然要付出，就单纯地付出，不要图回报，这就是为什么要提倡“悄悄地为他人做点好事”的初衷。别人的感激与表扬并不是你最需要的，你真正得到的有意义的回报是你无私奉献的热情——只要你有了这种热情，你的生活就更加美好、更加惬意起来。所以，下次你为别人做好事的时候，不要声张——你的心情坦然了，你就能体会到奉献的乐趣。这是一种跟你的生活密切相关的处事方式，它不仅会带给你快乐，而且做起来也是那样轻而易举。

然而在日常的生活中，无论我们是有意或是无意的，我们总是想从别人那里得到点什么，尤其是当我们为别人做了点什么的时候。比方说常常出现这样的情况，住在同一间寝室的人常说：“既然我打扫了洗手间，那么她就应该将厨房清理一下”，或是邻居之间“我上周帮他们家照顾了一下午孩子，这次总该他们帮我了吧”。而每当出现这种情况的时候，我们都认为我们所付出的已远远超过所得到的回报。

实际上，一个真正有智慧、内心充满平和宁静的人，每当他为别人制造方便的时候，他往往只想到要去做，而做了之后他就更会感到灵魂中的快乐。正如同适当地做一些运动可以使人身心都得到放松一样，你所做的这些爱心行动也可以使你在情感上得到同等程度的愉悦，你感觉上的回报就是你意识到你做了这些“小小的”好事。

如果你感到替别人做了什么而得不到任何回报，那么导致你这种心理不平衡的根本原因便是隐藏在你内心的互惠主义，它干扰你内心的平静，它使你总是在想：我想要什么，我需要什么，我应当去索取什么。如果行善事而有所图，也许好事会变成坏事。有一位美国青年，曾从深井中救出一个小女孩，得到女孩父母的深深感激和众人的钦佩。不幸的是，从此以后，他无论走到哪里都希望人们知道他的这一善行。随着岁月流逝，人们渐渐淡忘了，他却念念不忘，越来越无法忍受人们如此对待他这样一个救人英雄，最后不得不选择了自杀。维吾尔族传说中最聪明的人阿凡提曾经说过：人家对你做的好事，你要永远记住；你对人家做的好事，你要立即忘记。或许，这位美国青年要能领会到阿凡提的名言，这个悲剧就能避免。

多在你的生活中试着真心真意地去帮助别人，别让你自己有意无意就想着我将得到什么样的回报，你最好渐渐地摒弃这种想法。当这一切完全发自你的意愿时，你一定可以体会到帮助他人而不在乎你所帮的人会给你什么样的报答，只是真心实意地去做你所能做到的，将是件快乐的事情。如果你真的这么做了，你就会感到这一切对于你心灵的回报——一种和平、宁静、温暖的感觉。

"方"与"圆"通融的工作方法

人与人之间的关系，说简单也简单，说复杂也复杂，这都是由人为的因素决定的。但如果你不谙圆融处世之道，可能很简单的问题也会变得很复杂；反之，再复杂的问题也会变得很简单。

学会拒绝这门绝技

领导委托你做某事时，你要善加考虑，这件事自己是否能胜任？是否不违背自己的良心？然后再做决定。

如果只是为了一时的情面，即使是无法做到的事也接受下来，这种人的心似乎太软。纵然是很照顾自己的领导，委托你办事，但自觉实在是做不到，你就应很明确地表明态度，说："对不起！我不能接受。"这才是真正有勇气的人。否则，你就会误大事。

如果你认为这是领导拜托你的事而不便拒绝，或因拒绝了，担心领导会不悦而接受下来，那么，此后你的处境就会更艰难。这种因畏惧领导不悦而勉强答应，答应后又感到懊悔，就太迟了。

领导所说的话有违道理，你可以断然地驳斥，这才是保护自己之道。假使领导欲强迫你接受无理的难题，这种领导便不可靠，你更不能接受。

尽管部下是隶属于领导，但部下也有独立的人格，不能什么事不分善恶是非都服从，因为部下并不是奴隶。即使你的领导以往曾帮过你很多忙，而今他要委托你做无理或不恰当的事，你也应该毅然地拒绝，这对领导来说是好的，对自己也是负责的。

此外，限于能力，无论如何努力都做不到的事，也应拒绝。但是这有一个前提，即是否真的做不到，应该确实地衡量一下，切不可因怀有恐惧心而不敢接受。经过多方考虑，提出各种方案后，是否再加上勇气来突破它？都需要考虑清楚。考虑后，认定实在无法做到，始可拒绝。

当然，拒绝更要讲究方法，采用什么办法才能让上司接受，这里面也是很有学问的。

（1）触类相喻，委婉说"不"。当领导提出一件让你难以做到的事时，如果你直言答复做不到，可能会让领导损失颜面，这时，你不妨说出一件与此类似的事情，让领导自觉问题的难度，而自动放弃这个要求。

甘罗的爷爷是秦朝的宰相。有一天，甘罗看见爷爷在后花园走来走去，不停地唉声叹气。

"爷爷，您碰到什么难事了？"甘罗问。

"唉，孩子呀，大王不知听了谁的调唆，硬要吃公鸡下的蛋，命令满朝文武想办法去找，要是三天内找不到，大家都得受罚。"

"秦王太不讲理了。"甘罗气呼呼地说。他眼睛一眨，想了个主意，说："不过，爷爷您别急，我有办法，明天我替您上朝好了。"

第二天早上，甘罗真的替爷爷上朝了。他不慌不忙地走进宫殿，向秦王施礼，秦王很不高兴，说："小娃娃到这里捣什么乱！你爷爷呢？"

甘罗说："大王，我爷爷今天来不了啦。他正在家生孩子呢，托我替他上朝来了。"

秦王听了哈哈大笑："你这孩子，怎么胡言乱语！男人家哪能生孩子？"

甘罗说："既然大王知道男人不能生孩子，那公鸡怎么能下蛋呢？"

甘罗的爷爷作为秦朝的宰相，遇到了大王的无理要求，却又找不到合适的办法拒绝。甘罗作为一个孩童，倒能如此得体地拒绝秦王，并让秦王不得不放弃自己的无理请求，实在是大出人们的预料。也正因为如此，秦王才有"孺子之智，大于其身"的叹服。以后，秦王又封甘罗为上卿。现在我们俗传甘罗十二岁为丞相，童年便取高位，不能不说正是甘罗的那次智慧的拒绝，才使秦王越来越看重他的。

（2）佯装尽力，不了了之。当上司提出某种要求而属下又无法满足时，设法造成属下已尽全力的错觉，让上司自动放弃其要求，也是一种好方法。

比如，当上司提出不能满足的要求后，就可采取下列步骤：先答复："您的意见我懂了，请放心，我保证全力以赴去做。"过几天，再汇报："这几天XXX因急事出差，等下星期回来，我再立即报告他。"又过几天，再告诉上司："您的要求我已转告XXX了，他答应在公司会议上认真地讨论。"尽管事情最后不了了之，但你也会给上司留下好感，因为你已造成"尽力而做"的假象，上司也就不会再怪罪你了。

通常情况下，人们对自己提出的要求，总是念念不忘。但如果长时间得不到回音，就会认为对方不重视自己的问题，反感、不满由此而生。相反，即使不能满足上司的要求，只要能做出些样子，对方就不会抱怨，甚至会对你心存感激，主动撤回已让你为难的要求。

（3）利用集团掩饰自己说"不"。例如，你被上司要求做某一件事时，其实很想拒绝，可是又说不出来，这时候，你不妨拜托其他二位同事，和你一起到上司那里去，这并非所谓的三人战术，而是依靠集团替你做掩护来说"不"。

首先，商量好谁是赞成的那一方，谁是反对的那一方，然后在上司面前争论。等到争论一会儿后，你再出面轻轻地说"原来如此，那可能太牵强了"，而靠向反对的那一方。

这样一来，你可以不必直接向上司说"不"，就能表明自己的态度。这种方法会给人"你们是经过激烈讨论后，绞尽脑汁才下结论"的印象，而包含上司在内的全体人士，都不会有哪一方受到伤害的感觉，上司会很自然地主动放弃对你的命令。

执著求教

五代南唐有位画家叫钟隐，他从小喜欢画画，经名师指点，自己又刻苦练习，年纪不大就成了名。从此，家中的宾客络绎不绝，有求画的，有求教的，有切磋画艺的，当然也有巴结奉承的，好不热闹。要是换了肤浅的人，遇到这种情况，一定会自鸣得意、沾沾自喜，可是钟隐对这一切却无动于衷，每天仍然在书房里潜心作画，除了万不得已，一切应酬的事全让家人代劳。无意之中，连自己的新婚妻子也给冷落了。

钟隐的妻子对丈夫有些不太理解了。

一天，钟隐正在画画，他的妻子悄悄走进书房，帮他研墨，钟隐感谢地向她点点头，继续作画。妻子几次欲言，又几次闭口，最后实在忍耐不住，说道："你何必自己困扰自己，你已有万贯家财，才华也受到世人的赞赏，为什么还要这样每日辛苦呢？"

钟隐放下手中的笔，从书架上取下一幅画，在妻子面前打开，说道："你看这上面的鸟画得怎么样？"

妻子说："我不懂画，说不出门道，不过我觉得那鸟像活了似的，翅膀正在动。"

钟隐又取出另一幅画，打开放在妻子面前，问道："你再看看这幅画怎么样？"

妻子摇摇头说："这怎能跟那幅相比，那鸟画得呆头呆脑，像是贴上去的。"

钟隐把画轻轻卷起，笑着说："谁说你不懂画？看得很准，只是那第一幅是别人画的，第二幅才是我画的。虽说在画山水画上我已经有了点功夫，可画花鸟还差得远呢。你说，我怎能不练习呢？"

妻子终于理解了丈夫的心思。

钟隐深知，自学一年，不如拜师一天。要想画好，必须有名师指点，也免得走弯路，事倍功半。他四处打听哪有擅画花鸟的名师高手，自己好前去拜师学艺。可是打听了很久，也一无所获，钟隐心中十分烦恼。这一天，他与故人侯良一起吃酒，酒到酣处，两人的话也就多了。钟隐诉说了自己的苦恼，并问侯良是否能给引荐个擅画花鸟的名师。侯良说："这你可找对人了。我的内兄郭乾晖就很擅长画花鸟画。我妻子说，有一次他画的牡丹，竟把蜜蜂给招来了。

不过这个人性格古怪孤僻，别说收学生，就连自己画的画也不轻易给人看。更怪的是，他画画还总躲着人，恐怕人家把他的技法偷学去。”

钟隐倒觉得郭乾晖这个人很有意思。他如此保守，恐怕必有诀窍。可是怎么才能接近他呢？这倒得费费脑筋了。

钟隐是个倔脾气，什么事只要他想做，就一定要千方百计地做成。他四下打听，听说郭乾晖要买个家奴。他想，这倒是个好机会，我不妨扮个家奴，一来可以进郭府，二来可以看到郭乾晖画画。

于是，钟隐打扮成仆人的样子，就到郭府应聘去了。

郭乾晖见钟隐长得非常机灵，就留下了他。

在郭府，钟隐每天端茶递水，打扇侍候，什么杂活儿都干。他毕竟是富家子弟，一切生活起居从来都是由别人照顾，哪里干过这些粗活？一天下来，累得腰酸腿疼。唯一使他感到安慰的是他看到了一些郭乾晖的画，那可真是名副其实的上乘之作。

钟隐想尽办法，坚持不离郭乾晖左右，希望能亲眼看见他作画。每次作画，郭乾晖不是让他去干这，就是让他去干那，想方设法把他打发走。就这样，钟隐虽然卖身为奴，还是没有看到郭乾晖作画。

一连两个月过去了，钟隐还是一无所获，几次他都产生了走的念头，但心中的一线希望又使他留下来。

再说钟隐的家里，钟隐卖身为奴去学画的事情谁也没有告诉，连他的妻子也只知道他是出远门，去会朋友。钟隐毕竟是个名人，每日高朋满座。可这些日子，朋友来找他，家人都说他出门了。问去哪儿了，又都说不知道。一次两次，搪塞过去，时间一长，人们就起了疑心。最后连家人也疑心重重，特别是钟夫人，非要把他找回来不可。

一天，郭乾晖外出游逛，听人家说名画家钟隐失踪两个月了，连家人也不知他去了哪儿。再听人家描述钟隐的岁数和相貌，郭乾晖觉得这个人好像在哪儿见过。细一想，想起来了，跟家里的那个年轻人相像，他也正好来家里两个月了。

“怪不得他总想看我作画呢，”郭乾晖恍然大悟地说，“不过他倒真是个好青年，能带这样的学生，是老师的幸运。我也就后继有人了。”郭乾晖急急忙忙地跑回家，把钟隐叫到书房里，说道：“你的事情我全知道了。为了学画，你不惜屈身为奴，实在使老夫惭愧。我多年来不教学生，自有我的道理，今天遇到你这样虚心好学的青年，我也不能不破例，将来你会前途无量的。”

钟隐终于以执著的求学精神感动了郭乾晖，名正言顺地成了他的学生，郭乾晖把自己多年的体会和技艺毫无保留地传授给了钟隐。

钟隐是个老实人，对生活、对艺术，他的态度是老实和执著的，但是，他也是非常灵活的。首先，他知道自己的实力并坚持努力；其次，他知道靠自己蛮干是不行的，必须有名师指点；最后，为了学习，他不惜采取迂回曲折的方式，卖身为奴，最终实现了自己的理想。

没有任何借口

人的习惯是在不知不觉中养成的，是某种行为、思想、态度在脑海深处逐步成型的一个漫长的过程。因其形成不易，所以一旦某种习惯形成了，就具有很强的惯性，很难根除。它总是在潜意识里告诉你，这个事这样做，那个事那样做。在习惯的作用下，哪怕是做出了不好的事，你也会觉得是理所当然的。特别是在面对突发事件时，习惯的惯性作用就表现得更为明显。

比如说寻找借口。如果在工作中以某种借口为自己的过错和应负的责任开脱,第一次可能你会沉浸在借口为自己带来的暂时的舒适和安全之中而不自知。但是，这种借口所带来的“好处”会让你第二次、第三次为自己去寻找借口，因为在你的思想里，你已经接受了这种寻找借口的行为。不幸的是，你很可能就会形成一种寻找借口的习惯。这是一种十分可怕的消极的心理习惯，它会让你的工作变得拖沓而没有效率，会让你变得消极而最终一事无成。

人的一生中会形成很多种习惯，有的是好的，有的是不好的。良好的习惯对一个人影响重大，而不好的习惯所带来的负面作用会更大。下面的五种习惯，是作为一名合格的管理者必备的习惯，它甚至是每一个员工应该养成的习惯。这些习惯并不复杂，但功效却非常显著。如果你是一位管理者，或者你希望将来成为管理者，就应该从现在做起，努力培养这些习惯。

1. 延长工作时间

许多人对这个习惯不屑一顾，认为只要自己在上班时间提高效率，没有必要再加班加点。实际上，延长工作时间的习惯对管理者的确非常重要。

作为一名管理者，你不仅要将本职的事务性工作处理得井井有条，还要应付其他突发事件，思考部门及公司的管理及发展规划等。有大量的事情不是在上班时间出现，也不是在上班时间可以解决的。这需要你根据公司的需要随时为公司工作。

上述种种情况，都需要你延长工作时间。根据不同的事情，超额工作的方式也有不同。如为了完成一个计划，可以在公司加班；为了理清管理思路，可以在周末看书和思考；为了获取信息，可以在业余时间与朋友们联络。总之，你所做的这一切，可以使你在公司更加称职。

2. 始终表现出你对公司及产品的兴趣和热情

你应该利用每一次机会，表现你对公司及其产品的兴趣和热情，不论是在工作时间，还是在下班后；不论是对公司员工，还是对客户及朋友。

当你向别人传播你对公司的兴趣和热情时，别人也会从你身上体会到你的自信及对公司的信心。没有人喜欢与悲观厌世的人打交道。同样，公司也不愿让对公司的发展悲观失望或无动于衷的人担任重要工作。

3. 自愿承担艰巨的任务

公司的每个部门和每个岗位都有自己的职责，但总有一些突发事件无法明确地划分到哪个部门或个人，而这些事情往往还都是比较紧急或重要的。如果你是一名合格的管理者，就应该从维护公司利益的角度出发，积极去处理这些事情。

如果这是一项艰巨的任务，你就更应该主动去承担。不论事情成败与否，这种迎难而上的精神也会让大家对你产生认同。另外，承担艰巨的任务是锻炼自己能力的难得的机会，长此以往，你的能力和经验会迅速提升。在完成这些艰巨任务的过程中，你有时会感到很痛苦，但痛苦会让你变得更成熟。

4. 在工作时间避免闲谈

可能你的工作效率很高，也可能你现在工作很累，需要放松，但你一定要注意，不要在工作时间做与工作无关的事情。这些事情中最常见的就是闲谈。

在公司，并不是每个人都很清楚你当前的工作任务和工作效率，所以闲谈只能让人感觉你很懒散或很不重视工作。另外，闲谈也会影响他人的工作，引起别人的反感。

你也不要做其他与工作无关的事情，如听音乐、看报纸等。如果你没有事做，可以看看本专业的相关书籍，查找一下最新专业资料等。

5. 向有关部门提出部门或公司管理的问题和建议

养成了良好的习惯，你就不会为工作中出现的问题而沮丧，甚至可以在工作中学会大量的解决问题的技巧，这样借口就会离你越来越远，而成功离你越来越近。千万不要让寻找借口成为你的习惯，就从现在开始，在工作中、在生活中，杜绝任何一次寻找借口的行为吧！

业有专攻好发展

人们常说"一招鲜，吃遍天"。这句话想必永远不会过时。无论你从事什么职业，在公司处于什么地位，只要你对自己从事的行业有所专长，精通精髓，那么你肯定就是此行业的一代宗师了。

《庄子》一书中，有两个技艺超群的人。

一个是厨房伙计，一个是匠人，厨房伙计即那位宰牛的庖丁，匠人即那位楚国郢人的朋友，叫匠石。二人共同之处，就是技艺超群，简直到了出神入化的境界。

先看庖丁，他为梁惠王宰杀一头牛。他那把刀似有神助地刷刷刷几下，一个庞然大物便肉是肉，骨是骨，皮是皮地解剖得清清爽爽。他解牛时，手触、肩依、脚踏、进刀，就像是和着音乐的节拍在表演。更奇的是，庖丁的刀已用了十九年，所宰的牛已经几千头，而那刀仍像刚在磨石上磨过一样锋利。此时你看他提刀而立，悠然自得，又仔细地把刀擦净、收好。

再看匠石，也许是木匠，也许是石匠，也许是木石活儿都做。他的技艺也十分了得。郢人把白灰抹在鼻尖上，让匠人削掉。那白灰薄如蝉翼，匠人挥斧生风，削灰而不伤郢人的鼻子。

古人讲，凡是掌握了一门技艺，无论是做什么的，都可以成名。只要有一技之长，就可以自立。的确是如此。过去老人总对年轻人说："纵有家产万贯，不如薄技在身。"这是最平凡最实在的真理。一个残疾青年，学会电脑打字，便办起了小打字社。他交活儿及时，打的质量又高，连一些著名作家也慕名而来，让他打文稿。几个下岗大嫂，都是做饭行家，一合计，总不能老靠一点儿救济金度日，于是办起了"嫂子饺子馆"，卖的饺子薄皮大馅，服务热情，很快就兴隆起来。和他们相比，无技之人的确是最苦的，别说扬名，自立都很困难。现在的社会竞争激烈，没有真本领，很难在世上立足。

有些人瞧不起技艺，总想做大事。做大事是可以的，比如当总经理，从政做官，做科学家、理论家等等。但一是要真有那份才能，也要有机遇；二是就是做大事，也常常离不开靠技艺做小事打基础。这个基础，包括锻炼你的实践能力，包括锻炼你的意志，包括对基层实际的体察。有时一技在身，也能助你成就大事。

不要小瞧这些技艺：理发、给死者整容、修表、烹饪、园艺、茶道……只要技艺精深，在当今世界，同样大有可为，同样事业辉煌。聂卫平是围棋大师，杨小燕是桥牌皇后，侯宝林是相声泰斗，梅兰芳是京剧巨擘，乔丹是篮球巨星，皮尔·卡丹是时装大腕……

许多原被人视为“雕虫小技”的技艺，今天却有了巨大的商业和社会价值，有的甚至变成一种产业。这种情况应当为有为青年注意，在其中寻找成功的机遇。

人生在世，能有一技在身，起码就有了安身吃饭的本钱，如果技艺精湛，就会更有作为。能多掌握几门技艺更好，虽说多技者多劳，但多劳多得，也不是什么坏事。老话讲：艺多不压身。吹拉弹唱都会，就会在人生的舞台上表演得更出色。

学会给他人授权

1915年，正值第一次世界大战时期，欧洲各国彼此残杀，规模之大，在人类史上从未有过，美国政府极为惊骇。人们渴望的和平能够得以实现吗？没有人知道这一点，但威尔逊决意尝试，他要派遣一位私人代表作为和平特使，与欧洲军方进行磋商。

主张和平的国务卿勃拉恩很想获得这次机会，他知道这是使自己立功并名垂青史的一个机会。但威尔逊却委派了另一个人——他的挚友赫斯上校。赫斯上校当然很荣幸，但他还有一个麻烦，他得将这一不受人欢迎的消息告知勃拉恩并且不能激怒他。

赫斯上校在他的日记中写道：“当听说我要到欧洲去做和平特使时，勃拉恩显然很失望，他说他曾打算他自己去干这事。我回答说，总统认为任何人正式地去干这事都不大适宜，而派他去则会引起注意，人们会觉得奇怪，为什么他到那里去……”

从赫斯上校的话中我们可以看出其中的暗示，赫斯告诉勃拉恩，他太重要了，不适宜这一工作——这样便使勃拉恩获得了一种满意。

赫斯上校十分精明且饱经世故，他在处理这一事情的过程中遵守了人际关系的一个重要准则：永远使对方乐于做你所提议的事。

还有一个人，他必须推辞许多演讲邀请，有来自朋友的邀请，也有来自盛情难却者的邀请。但他做得巧妙，既推辞了对方，也令对方满意。那么他是怎样做的呢？他没有只是说太忙，而是在表示对邀请的感谢与不能接受而感到抱歉以后，再提议另一个人去代替他。也就是说，他不给对方时间对这推辞感到不快，而立刻使对方想到了可以得到另一个演讲者。

当拿破仑创立荣誉队时，共颁发了1500枚十字徽章给他的兵士，提升他的

18位将军为“法国大将”，称他的部队为“大军”，人们都说他孩子气。

拿破仑被人批评给老练的精兵一些“玩物”，而拿破仑回答说：“人们本来就受着‘玩物’的统治。”这种给人授衔和权威的办法对拿破仑有效，对你也同样有效。

还有一位母亲，纽约斯卡斯戴尔的琴德夫人，她提起过很多孩子在她的草地上乱跑，踏坏了青草的情况，她为此事烦扰。她试过批评的办法，也试过利诱的手段，但都没有效果。后来，她想到了一种绝妙的办法，她试着给孩子群中最调皮的一个人授予一个头衔，让他获得一种权威，叫他做她的“侦探”，让他管理草坪，不准有人入侵她的草地，谁知这样问题就解决了。她的“侦探”在后院生了一把火，把一根铁条烧得红热，恫吓要去烫任何践踏草地的孩子。

获得权威，这是人类的一种天性，所以如果你想说服他人，就要使对方乐于做你所建议的事。

平等竞争求晋升

晋升的机会来了，各种小道消息在单位蔓延。那么，在面临这样的机会时，蠢蠢欲动的你要不要主动地找上司反映自己的愿望，提出自己的要求呢？这常常是人们为之而苦恼的事情。因为，如果我们自己不去要求，很可能就会失去机会；而如果我们去要求，又担心上司会认为自己过于自私，争名夺利，究竟该如何办呢？

其实，实事求是地向上司反映情况，提出自己的渴望和要求，绝不属于自私和争利的范畴，而且是十分正当的。在平等的机会面前，我们每个人都有权利去获得自己应该得到的东西。而且，作为上司来说，由于其时间和精力的有限性，不可能完全了解每个人的情况，有时也可能会被一些表面现象所障目，以至于犯片面性的错误。既然如此，我们自己为什么不可以主动地帮助上司了解情况，以便他做出更为公允和明智的决定呢？相反，如果你不去反映情况，则只能是自己对不起自己了。

然而，在这里，也应该注意一个问题。众所周知，每一次的晋级名额常常是非常有限的，僧多粥少不可能人人有份。在这种情况下，你如果要向上司主动提出要求，最好事先做一番调查，看看这次指标数究竟是多少，并就部门的各个人选做一番排队分析。

向上司提出晋升要求，须掌握一定的方式方法：

1. 不能过分谦让

《圣经》中有这样一则故事：有位先生仙逝后欲进入天堂去享受荣华富贵，于是就去排队领取进入天堂的通行证。由于他不善于竞争，后面的人来了直接插在他前面，他却保持沉默，丝毫没有任何不满或反抗，就这样等了若干年，他仍站在队的末尾，始终未得到他想得到的东西。

这个故事对我们深有启发。人世间处处充满着竞争，就社会来讲，有经济、教育、科技的竞争，有就业、入学，甚至养老的竞争。就晋升来讲也不例外，在通向金字塔顶的道路上，每一步都是竞争的足迹。对于同一职位的觊觎者不止你一个。因此，当你了解到某一职位或更高职位出现空缺而自己完全有能力胜任这一职位时，保持沉默决非良策，而是要学会争取，主动出击，把自己的想法或请求告诉上级，往往能使你如愿以偿。

作为下级，向上司提出请求时应讲究方式，不能简单化。宜明则明，宜暗则暗，宜迂则迂，这要根据你上司的性格、你与上司以及同事的关系、别人对你的评价等因素来定。

2. 预先提醒上级

在正式提出问题和上级讨论之前，做出一两个暗示，表明你正在考虑这件事，这样就不会在你和他正式谈及此事的时候发现他毫无准备了。你可能认为这只会给他时间搜罗理由，以便拒绝你的要求。但是请记住，你的目的并不在于要去赢得一场辩论，而是要使上级确认给予你提升是出于对大局利益的考虑。假如上级有所保留的话，你应该了解其中原因（在了解以后，你也许会发现，你选择了错误的职业，或是这家公司并不适合于你）。

3. 选择适当时机

通常，应该在上级情绪好的时候这样做。如果他的愉快是由于你的业绩引起的，那就更妙了。选择时间非常重要，把你的要求作为工作日的第一份报告呈交给上级，往往很难奏效。

4. 用事实证明你的业绩

与其告诉上级你工作是多么努力，不如告诉他你究竟做了些什么。可以试着用一些具体的数字，尤其是百分比来证明你的实绩；同时，要避免用描述性的形容词或副词。比如，不要说："我同某某公司做成了一笔生意。"而说："我与某某公司做成一笔 n 万元的生意。"这也就是说，尽可能地让事实替你说话。

最好的方法是简单地写一份报告给上司，总结一下你的工作。如果你这么做，白纸黑字，事实详尽，就使他能及时了解你的业绩，而且日后也能查阅，同时，也就用不着去说那番听起来使人觉得你自吹自擂的话了。

5. 向上级指明提拔你的好处

不可否认，这并非是那么容易做的，因为你是申请人，上级则是决策者，而有关你各方面的资料又有限，因而是否满足你的请求需要考虑。然而，如果更仔细地想想，还可以拿出理由，说明你所期望的提升对于授予者也不无裨益。假如要谋求提升，还可以指出权力的扩大会使你为上级完成更多的工作，更有效地处理你手头上的事情。而如果想得到加薪或别的要求，那么你可以告诉他，这样能让别人认识到出色的工作是会得到奖赏的。要使人信服地认可你的提升会使他得到好处，你确实需要动一番脑筋，但是努力多半是不会白费的。

6. 不要要挟

下级的要求一旦遭到拒绝，转而用离职或不辞而别来要挟上司的做法往往会引起上级的不满。纵然上级屈服于威胁了，上下级关系却失去了信任感，而要使信任感恢复原状，即使可能，也是十分艰难的。

乐在工作，创造业绩

美国精神之父爱默生曾经说过，每个人都是天使。有一个牧师也这样讲道：“每个人都是从天而降的天使。活在世界上的每个人都要利用上帝给予的独特恩赐，去发挥自己最大的潜能。”但他不是爱默生，当即就有人指着自己的塌鼻子反问道：“难道天使也有塌鼻子吗？”另外一位可爱的女士也附和道：“我的短腿不会也是上帝的创造吧？”

这位牧师微笑地回答说：“上帝的创造是完美的，你们也确实是从天而降的天使，只不过……”他指着塌鼻子的先生说：“你从天而降，但让鼻子先着地了。”他又指了指短腿的女士：“你从天而降时，忘记找降落伞了。”

每个人都是天使，我们不要因为降落过程的失误而忘记了人生旅程的目标是传播爱和快乐。

谚语说，上帝为每一个人关掉一扇门的时候，总是打开了另一扇门。意思就是人人都有天赋，人人都有机遇。天无绝人之路，死有时只不过是一条回归天堂的道路而已。所以请不要埋怨自己的弱势和缺陷，而要把注意力集中在自己的优势上面，即关注自己所拥有的东西。这些自己拥有的优势才是你赖以生存和发展的基础。

天使们个个都不同，有的人掌管爱情，有的人掌管正义。每个人也是一样，都有一项来自上帝的完美才能。这种才能在使用中，能够获得极大的乐趣。

阿格·罗伯特是与毕加索同时代的人。他和毕加索自幼就是神童，他出生在一个农场里，儿时也喜爱绘画，可是由于生活的艰苦，他被繁重的农活淹没了。在休闲的季节里，他一天花上好几个小时凝神注视着周围五彩缤纷的景物。整整 50 个年头，他没有动过一下画笔。直到他退休在家，积聚多年的才能喷涌而出，很快就达到了创作的高峰，在全国范围内举办过 20 多场个人画展，成为当时最杰出的画家之一。如果阿格·罗伯特先生能够早一些发现他的优势的话，很可能他就是另一个“毕加索”了。

人们常常花上几十年的时间从事某项工作，却很少花上几个小时考虑自己在这个工作中拥有哪些优势。优势或者天赋表现在如果你在持续地做某件事时，你能够乐在其中，就是说快乐在工作本身中就能够获得。

优势并不一定都是某类工作，它更可能是工作中的某个方面，如做事开拓、谨慎，或者仔细，做人热情、威严、包容，或者体谅。也可能是自己热爱的某个价值观念，如思考、成就、信仰、公正等等。有这么一个例子，一个医生从事本行业几年了，她每天照顾病人越来越感到心烦，她越来越不愿意和病人在一起了。她开始怀疑自己是不是入错行了。她反思自己，终于明白了，她喜欢照顾病人，只不过不喜欢照顾重病人，因为她对成就有不懈的追求，她喜欢看见自己照顾的病人日渐康复。于是她有意地选择照顾那些皮肤病者等轻患病人，这样她的工作越来越快乐，她的病人也康复得很快。

优势在工作中的体现就是乐在工作。有的人以为工作和享受是两个完全不同的事情，工作是辛苦的，人们不得不从事工作是为了赚钱，而享受无比的快乐，却是要花钱的。一位先生，他非常喜欢花艺，他除了在自己的后院里种各种品种的花之外，他还为邻居养花，给他们讲解花艺，让邻居们能够享受花带来的清香。这个朋友生活很清贫，因为他常常失业。邻居们聚集在一起商量了一下，决定聘请他来做他们的花艺师，每个星期都上门服务，他也因此可以得到一笔养家的钱。这个朋友听说后，难以接受邻居的意思，一下子人际关系变得紧张起来了。他认为，做快乐的事情是不可以赚钱的，工作一定是枯燥的。

有人说：干一行，爱一行。这不错。干工作一定要喜欢，你越是抱着快乐的心情去工作，你就越能够发挥自己的优势，你的为人处事就越会卓有成效。

除此之外，还要强调：爱一行，干一行。选择自己最喜欢的工作，你就变得越快乐，你就更可能成功，甚至更可能赚上一大笔钱。如果不这样做的话，严格的说是对上帝的大不敬，但更重要的是对自己的不负责。如果你确实不喜欢现在的工作，那么你就要做一个选择：或者改变态度，快乐地工作；或者更换一个工作。

让我们乐在工作吧。

不为薪水而工作

有一些年轻人，当他们刚走出校门时，总对自己抱有很高的期望值，认为自己一开始工作就应该得到重用，就应该得到相当丰厚的报酬。他们在工资上喜欢相互攀比，似乎工资成了他们衡量一切的标准。但事实上，刚刚踏入社会的年轻人缺乏工作经验，是无法委以重任的，薪水自然也就不可能很高，于是他们就自然有了许多怨言。

也许是耳闻目睹父辈或他人被老板无情解雇的事实，现在的年轻人往往将社会看得比上一代人所处的社会更冷酷、更严峻，因而也就更加现实。在他们看来，我为公司干活，公司付我一份报酬，等价交换，仅此而已。他们看不到工资以外的东西，曾经在校园中编织的美丽梦想也逐渐破灭了。没有了信心，没有了热情，工作时总是采取一种应付的态度，能少做就少做，能躲避就躲避，敷衍了事，以报复他们的雇主。他们只想对得起自己挣的工资，从未想过是否对得起自己的前途，是否对得起家人和朋友的期待。

之所以出现这种状况，原因在于人们对于薪水缺乏更深入的认识和理解。大多数人因为自己目前所得的薪水太微薄，而将比薪水更重要的东西也放弃了，实在太可惜。

不要为薪水而工作，因为薪水只是工作的一种报酬方式，虽然是最直接的一种，但也是最低俗的。一个人如果只为薪水工作，没有更高尚的目标，这不是一种好的人生选择，受害最深的不是别人，而是他自己。

一个以薪水为个人奋斗目标的人是无法走出平庸的生活模式的，也从来不会有真正的成就感。虽然工资应该成为工作目的之一，但是从工作中能真正获得更多的东西，却不仅仅是装在信封中的钞票。

一些心理学家发现，金钱在达到某种程度之后就不再诱人了。即使你还没有达到那种境界，但如果你忠于自我的话，就会发现金钱只不过是许多种报酬中的一种。试着请教那些事业成功的人士，他们在没有优厚的金钱回报下，是否还继续从事自己的工作？大部分人的回答都是："绝对是！我不会有丝毫改变，因为我热爱自己的工作。"想要攀上成功之阶，最明智的方法就是选择一件即使酬劳不多，也愿意做下去的工作。当你热爱自己所从事的工作时，金钱就会尾随而至；你也将成为人们竞相聘请的对象，并且获得更丰厚的酬劳。

不要为薪水而工作。工作固然是为了生计，但是比生计更可贵的，就是在工作中充分发掘自己的潜能，发挥自己的才干，做正直而有意义的事情。如果工作仅仅是为了面包，那么生命的价值也未免太低俗了。

人生的追求不仅仅只是满足生存需要，还有更高层次的需求，有更高层次的动力驱使。不要麻痹自己，告诉自己工作就是为赚钱——人应该有比薪水更高的目标。

工作的质量决定生活的质量。无论薪水高低，工作中尽心尽力、积极进取，能使自己得到内心的平安。而工作过分轻松随意的人，无论从事什么领域的工作都不可能获得真正的成功。将工作仅仅当作赚钱谋生的工具，这种想法本身就会让人蔑视。

事业成功人士的经验向我们揭示了这样一个真理：只有经历艰难困苦，才能获得世界上最大的幸福，才能取得最大的成就；只有经历过奋斗，才能取得成功。

积极主动承担分外的工作

拿破仑·希尔曾经聘用了一位年轻的小姐当助手，替他拆阅、分类及回复他的大部分私人信件。当时，她的工作是听拿破仑·希尔口述，记录信的内容。她的薪水和其他从事类似工作的人大约相同。有一天，拿破仑·希尔口述了下面这句格言，并要求她用打字机把它打下来："记住：你唯一的限制就是你自己脑海中所设立的那个限制。"

当她把打好的纸交给拿破仑·希尔时，她说："你的格言使我获得了一个想法，对你我都很有价值。"

这件事并未在拿破仑·希尔脑中留下特别深刻的印象，但从那天起，拿破仑·希尔看出来这件事在她脑中留下了极为深刻的印象。她开始在晚餐后回到办公室来，并且从事不是她分内而且也没有报酬的工作，并开始把写好的回信送到拿破仑·希尔的办公桌来。

她已经研究过拿破仑·希尔的风格，因此，这些信回复得跟拿破仑·希尔自己写的完全一样，有时甚至更好。她一直保持着这个习惯，直到拿破仑·希尔的私人秘书辞职为止。当拿破仑·希尔开始找人来替补这位秘书的空缺时，他很自然地想到这位小姐。但在拿破仑·希尔还未正式给她这项职位之前，她已经主动地接受了这项职位。由于她在下班之后，而且没有支领加班费的情况下，对自己加以训练，终于使自己有资格担任拿破仑·希尔私人秘书职位，而且这是所有职位中最好的。

而且不止如此，这位年轻小姐的办事效率太高了，拿破仑·希尔已经多次提高她的薪水，她的薪水现在已是她初来时薪水的4倍。她使自己变得对拿破仑·希尔极有价值，因此，拿破仑·希尔不能失去她这个帮手。

这就是进取心。正是这位年轻小姐的进取心，使她脱颖而出，可谓名利双收。拿破仑·希尔告诉我们，进取心是一种极为难得的美德，它能驱使一个人在不被吩咐应该去做什么事之前，就能主动地去做应该做的事。胡巴特对“进取心” 做了如下的说明：“这个世界只愿对一件事情赠予大奖，那就是‘进取心’。”

什么是进取心？告诉你，那就是主动去做应该做的事情。

仅次于主动去做应该做的事情的，就是当有人告诉你怎么做时，要立刻去做。

更次等的是，只有在被人从后面踢时，才会去做他应该做的事。这种人大半辈子都在辛苦工作，却又抱怨运气不佳。

最后还有更糟的一种人，这种人根本不会去做他应该做的事。即使有人跑过来向他示范怎样做，并留下来陪着他做，他也不会去做。他大部分时间都在失业中， 因此遭人轻视。除非他有位有钱的老爸，但如果是这个情形，命运之神也会拿着一根大木棍躲在街头拐角处，耐心地等待他。

你属于上面的哪一种人呢？如果你想成为一个不断进取的人，就要把拖延的习惯从你的个性中除掉。这种把你应该在上星期、去年或甚至于十几年前就要做的事情拖到明天去做的习惯，正在啃噬你意志中的重要部分，除非你改掉了这个坏习惯，否则你将很难取得任何成就。

永远记住工作是第一位的

人都有七情六欲，都会有不稳定的情绪低潮期，只不过因为工作的需要，我们必须学会把情绪压抑住。因为情绪容易失控的人，在旁人的眼中总是像颗定时炸弹，时好时坏的脾气肯定让人无法防备。所以，只要你想成功，想跟大家打成一片，情绪的控制绝对是非常重要的。

在办公室里，什么人都可能碰上，如果你只顾自己情绪的发泄而忘了该注意的事，例如同事、上司的感受以及工作的安排，真要追究得失，那你就很难卸责了：情绪影响工作氛围，更影响工作效果。

情绪不稳定时，不妨“吃”几副提升EQ的特效药，肯定会大有功效。

1. 深呼吸

觉得自己的眼泪快涌出、喉咙痒得想大声呼喊时，试着做几次重重的深呼吸，记住，最好超过五次。

2. 捏耳垂

在情绪暴躁的时候，捏捏自己的耳垂，气就会慢慢消掉了。建议有机会试试看，或许功效不凡。

3. 喝杯水

这一帖在治疗情绪失控上可能算是历史悠久的老药方了，不过这一招还是让许多情绪失控的人十分“服气”。

4. 出去走走

许多人在情绪失控时往往不知道自己的状态，所以自己事前多加注意非常重要，一旦发觉快挺不住了，千万不要硬憋着，最好到外头透透气缓解一下。

情绪的舒解有许多方法，进行一些静态或动态的活动，例如运动、阅读，甚至还有人去学插花、茶道等，目的都是在于让自己情绪稳定。要知道，一位情绪容易失控的人，不论在人际关系或工作上，都会导致自己越来越被动。

换工作前先换一下心情

每一份工作都会给你带来一些宝贵的经验，它们都是你人生成长过程中最重要的资源。因此，当你出现换一项工作的念头时，不妨先调适一下自己的心情，以新的角度审视自己的公司、自己的工作和自己的老板，或许离职的想法会就此打消。

职场生涯中换几份工作是正常的，但是，每一次转换是否能为你带来正面的效应，是否对你的人生价值有所提升（并不仅仅是薪酬的提高），这是辞职前必须深思熟虑的问题。许多人盲目地跟着潮流走，只看到新工作、新公司、新老板表面的优点，却没有反思自己的工作态度和心情，轻易地放弃原本熟悉的工作，结果陷入更为恶劣的工作环境中。

一般人在事业不如意时，常常不知追根究底，找出真正问题所在，只是期待环境或者他人能根据自己的意愿而改变。一旦过高的期望值落空，失望与无助便涌上心头，自己的情绪就会变得十分低落，进而产生转换门庭的想法。理智的做法是跳槽前先自我反省一下，也许你会发现，转换对工作的态度与认知可能才是解决问题的最根本方法。

研究人员发现，转换门庭想法的原因不外乎以下几种，看看自己属于哪一种情况，然后对症下药，消除不良心态。

1. 薪资过低

要知道你的薪资待遇往往和你做出的贡献成正比，如果你能长期付出，忠诚自己的事业，老板或主管绝对不会视而不见。此外，薪资收入除有形的货币以外，也应算算隐形的收入，譬如良好的人际关系、技能训练和丰富的工作经验等。

2. 才能无法得到充分的发挥

你对自己的专长和兴趣了解吗？在现在的公司究竟还有没有发展空间？对于这些问题，你不仅要认真反省自己，也要和老板多多沟通。“天生我材必有用”这句话的确不错，但是要做到适才适用必须和老板共同努力才能实现。人有多方面的天赋，做一行爱一行，用心做好每一件事，才能找到更多发展的机会。

3. 与老板的经营方针有分歧

仔细想一想，这种分歧多半并非老板的原因，也可能是自己太固执己见，也可能是自己没有充分表达自己的想法。站在老板的角度，更全面思考公司的发展问题，也许视野会更开阔些，也许能看到许多现实的问题。如果还不能说服自己，那么试着去适应公司的发展规划，适应公司的文化和老板的作风，等待更好的时机来表达自己的意见。

4. 工作时间过长

先问问自己究竟是工作效率太低，还是业务量过重？如果是前者，那么正确的态度是努力提高自己的技能，更加投入地学习和自我提升。如果是后者，则应该主动地寻求老板的支持，并且能提出具体的解决方法，而不是逃避。

5. 对公司的职场气氛不满

想一想，究竟是自己太褊狭，还是整个公司的工作氛围太差？如果不从心理上解决问题，到任何公司都会感觉到压抑。遇到与老板和同事之间关系紧张时，不要总是站在自己的角度去思考，凡事反求诸己，就能看到另一片海阔天空。试一试用自己的宽容大度和幽默来改善工作气氛吧！

6. 教育训练不足

一个充满挑战性的工作，压力必然很大。在工作中能否获得长进，培训和教育并非必要，必要的是你的态度。一个优秀的老板、一群和睦相处的同事，可能比死板的教育训练让你获益更多。

7. 升迁渠道僵化

最近公司有没有人获得升迁？究竟是老板任人唯亲，还是你的能力不佳？不要嫉妒他人，先入为主地认为他人的升迁不过是靠关系、拍马屁，要努力去发现那些自己所不具备的优秀的品质和卓越的能力，并对照自己的问题不断改正。

8. 交通不便

可以早点起床吗？可以改变晚睡的习惯吗？每个人都有惰性，但在工作的态度上，只有勤劳才会有收获，这是一个最基本的成功法则。

令人奇怪的是，许多人不是以工作为中心来转换居住地点，而是以自己的居住地为中心来寻找工作。

9. 对行业前景及公司未来感到不安

俗话说，景气时有赔钱的公司，不景气时也有赚钱的公司。公司或行业的前景需要有专业而冷静的判断，而不要把它当成逃避责任和压力的借口。多问问自己是否累积了足够的专业技能。往往在经济衰退、公司经营业绩不佳时，最能体现员工的能力和忠诚度。

10. 自己的能力未受肯定

有时我们会高估自己的能力，一味地怀才不遇、孤芳自赏只会在职场中让人嫌弃。多和老板谈谈自己的工作理想和抱负，多参加一些重大项目，也许能对自己的能力有一个正确的评估。

与人相处，勿露锋芒

与人相处，不争一时之长短，需要收敛锋芒的“圆”功夫。君子藏器于身，待时而动。你的聪明才智虽然需要得到他人的欣赏，但若故意炫耀，恃才而骄，就有盛气凌人之嫌。

锋芒的本意是指刀剑的尖端，在这里比喻你显露出来的才干。一个人有锋芒是一件好事，剑无锋芒而不利，人无锋芒而愚钝。锋芒是事业成功的基础，在适当的场合显露一下既应当，也必要。但锋芒是可以伤人的，锋芒太露不但会刺伤别人，也会伤及自身。物极必反，从而导致自己的失败。欲成大事的人要把自己的锋芒包裹起来，韬光养晦。这样既能抓住晋升的机会，也能让自己的事业成功。“不露锋芒”的要旨是：

（1）要得重用，勿露锋芒。生活中常常有这样的现象，叫做“木秀于林，风必摧之”。一些自视清高，恃才而骄，处事不留余地，有八分的才气就要十二分地全端出来的人，他踌躇满志，却未曾料到会遭挫折。有一位刚分到某个文化单位的重点大学本科生。他立足未稳，仗着头脑好使，笔头好用，学魏征直言进谏，给单位领导提了一大堆意见和建议。虽然言真意切，但效果却适得其反，他被视为狂妄和“有病”，结果弄得和领导关系紧张，四面楚歌，最后只好卷铺盖走人。

这位大学生的要害就在于锋芒毕露，而显得幼稚和没有城府。古训说：“言人之不善，当如后患何？”你得不到领导的喜欢，你就没办法亲近他；你不亲近他，他就没有办法了解你。在这样的局面中他还能重用你吗？其答案是明显的、不言而喻的。

（2）露锋芒易招暗箭。剑在鞘中，人不识其锐，一旦你拔出剑来，锋芒毕露，就会成为众矢之的，容易招致别人的明枪和暗箭。

年轻人刚在社会上立足，探望周围的人个个都是深藏不露，好像他们都是庸人，其实他们才能不在你的才能之下。平时他们对领导唯命是从，木讷无言。其实他们的健谈也会在你的善辩之上。他们表面上胸无大志，其实是心怀雄才。他们不显山露水的原因，就在于还没等到显示才能的机会。你锋芒毕露，业务精深，势必成为领导和同事的潜在威胁。他们会从心理上对你产生戒备，有戒心。这样你就只能原地踏步，难有晋升的机遇。你能文能武，精明强干，锋芒毕露后，同事间也就有了劲敌，劲敌在竞争中挤对你，就算你有三头六臂，也架不住墙倒众人推。

洪应明在《菜根谭》中说：“君子不可太露其锋芒。”并不是让你把锋芒磨掉，而是要你隐锋藏芒。不要恃才、恃权、恃财而骄，目中无人，以免受暗箭的伤害，招致无谓的烦恼和不必要的挫折。

（3）把精明放在心下。锋芒毕露者不是不精明，而是把精明摆错了位置。精明不是你脸上的面具，而应是你心中的智慧。所以，易露锋芒者，要在待人接物中，善于发现对方的长处和优点，不要口无遮拦地对别人肆意评价。我们要学会尊重人，只有尊重别人，这样你才不会在言语上伤害别人，才会不断加深与别人的亲密关系。所以，平日里要得理且饶人，收敛锋芒，宽厚待人，掌握说话的艺术，学习行为稳重的技巧。真正做到“敏于行而讷于言”，“内精明而外浑厚”。这不是让你去伪装，而是让你向着成熟修炼和转化。

不露锋芒，不是对自己才华的埋没；不露锋芒，往往会实至名归。深藏不露者，每每不喜怒形于色，平和恬淡，不哗众取宠，处事练达，而能得到领导的重用。在这方面，初入社交场的青年人，不妨勤学苦练，多用心，少用嘴，从长计议，不争强好胜，以减少那些人生旅途中不必要的磨难。

智慧是能够从错误中吸取教训

生活是最严厉的老师。与学校书本教育的方式完全不同，生活的教育方式是：你得首先遭受挫折，然后从中吸取教训。大多数人由于不知道如何从错误中悟出道理，所以只是一味地逃避错误。他们不知道，这种行为本身已铸成大错，还有一些人犯了错误却没能从中吸取教训。这就是为什么有如此多的人总是循环往复地犯着重复的错误的原因。他们一而再、再而三地犯错，就是因为他们不知道如何从错误中汲取教训。在学校，你可能会因为没犯错误而被认为是聪明的学生，而在生活中，你的智慧恰恰源自你犯过的错误，以及从中吸取的教训。如果一个人真正从所犯的错误中吸取了教训，那么他的生活就会发生改变，他获得的就不仅仅是经验，而是智慧了。

犯了错误之后，绝对不要采取下面的行动：

（1）说谎或否认，掩饰自己的行为。说谎的人总是说："我没做那件事"，"不，不，不，那不是我干的"，"我不知道这是怎么一回事"，"我发誓……"之类的话。还有一类人犯了错误后，习惯说："噢，这没什么大不了的，情况会好起来的"，"出错了吗？哪里出错了"，"不要着急，事情会如你所愿的。"

（2）指责别人，开脱自己的责任。这类人犯错后往往会说："这是你的错，不是我的错"，"如果我妻子花钱不大手大脚的话，我就不会落到如此的地步"，"如果没有孩子拖累的话，我早就很富裕了"；他们也会说："顾客只是没有注意到我的产品"，"我的雇员对我不忠实"，"他们说得不清楚"，"这是老板的错"等等。还有些人会说："因为我没受过良好的教育，所以我的事业不如意"，"如果再给我点时间的话，我会做好的"，"噢，我再不想变穷了"，"人人都这样，我为何不可呢？"

（3）半途而废。半途而废的人经常说的话是："我早就告诉过你那样做不管用。"或者"这件事太难了，不值得我投入这么多的精力，还是换个简单一点的吧"，"瞧，我都做了些什么啊？我不想自找麻烦了"。假如一个人说"我所得到的教训就是再也不那样做了"，那么，这个人也许还没有领悟到犯错误的重要性。如此多的人活在一个贫穷的世界里，是因为他们不断地对自己说"我再也不那样做了"，而不是说，我很庆幸自己犯了错误，因为我从这次经历中受益匪浅。避免犯错误或浪费从错误中获得教训的机会的人，不能算具备较高的智慧，在事业上的成就也会受到限制。

“方”与“圆”融合的生意之道

这个世界上到处都是有才华的庸人，因为他们只会认真做事，不会机智做人！这个世界上有很多高智商的傻瓜，因为他们只懂得方正做人，不善于圆融处事！

中国人一生会遇到很多“场”、“局”和“圈子”，善于机智处事者，能够进退自如；不懂随机应变者，处处碰壁。

以淡定心态做生意

我们提倡积极进取的心态，但是有的时候，退一步，你会发现海阔天空，这也是一种积极心态。

就像我们不可能让世界上的每一个人都满意一样，我们的生活不可能处处都是鲜花，我们的成功之路也不可能一帆风顺，我们也不可能事事都比别人强。那么，在我们的人生不是一帆风顺的时候，在我们的人生出现一些挫折的时候，在我们的面前不全是鲜花的时候，我们该怎么办？

这时候，不妨后退一步，你会发现海阔天空，人生照样美好，天空依然晴朗，世界仍旧美丽。

1. 做生意，原本想肯定能赚100万，由于种种原因，最后只有10万到手。这样的时候，你后退一步：毕竟没有赔钱。当然了，你得好好总结一下，那90万是怎么未到手的。

2. 公司里人事调整，你原想这次你肯定升职，可在宣布各部门人选的时候，你侧着耳朵听也没听到老板念你的名字。这时候，你先别生气，后退一步：毕竟没有被炒鱿鱼。然后想自己为什么没有被提拔，如果的确不是你的错，那就是老板没长一双慧眼，没发现你这颗珍珠，那受损失的是老板而不是你。让他遗憾去吧！

3. 单位里职称评定，你差一点就评上了，可惜没有你。这时候，你后退一步：这次差一点，下次就一点不差了，回去再努力一年。下一年，你就有可能做出惊天动地的成绩。

4. 被公司老板给炒了。老板炒你肯定有他的理由。你后退一步：毕竟只是被老板炒了，而不是被坏人杀了，只要大脑在、双手在，天下的老板多的是，老天爷还饿不死瞎眼的家雀呢。实在不行了，自己做老板。

5. 做股票，这只股票本来可以赚5万元，由于贪心，只赚了5000元。你别光骂自己蠢，后退一步：毕竟还赚了5000元，而不是赔了5000元。下次不要再太贪心就是了。要是这次赔了5000元，也后退一步：毕竟只赔了5000元，而不是全赔了进去，下次不犯类似的错误，再赚回5万元就得行。

6. 生病。已经生病了，心情肯定不会很好，但心情不好对你身体的恢复只有坏处没有好处，因而尽量使自己不要沉迷在生病的苦闷中不能自拔。后退一步：毕竟只是生病，那就趁这个机会好好休息一阵，平时难得有这样的机会。

人生在世，不如意的事情肯定会有，因为世界毕竟不是你一个人的世界，造物主尽量要公平一些，不可能把所有的好事都摊到你的头上，也要适当考验考验你，看看你在不顺的时候会是一种什么样子。如果你反应过激，他还会继续考验你，直到你能以一种平和的心态去看待、对待一时的不顺或者挫折。

以一种平和的心态去看待人生的不顺和挫折，并非是一种消极的心态。有时候，你后退一步，寻找到一种海阔天空的人生境界，这也是一种积极的心态。起码，它教你认识了生活，认识到人生不会一帆风顺。然后，就逼着你去学习在遇到挫折的时候，怎样去对待人生、对待挫折、对待你自己。

商人爱财，取之有道

生意之道就在于赚钱，做生意就是做买卖。从商，就是在做买和卖的生意，最终的目的是通过投资而获利。商人爱财，一定要谨记“你不理财，财就不理你”的金钱本性。

一位成功的老板曾说：“我一直希望成为千万富翁，一直希望有两套房子，一套在城里宽敞而奢华，一套在乡间舒适又气派。上大学的时候，我天天在想，如果有了 1000 万元，我会怎么去花，怎么去享受生活。也天天在想，怎样才能让自己有 1000 万元，甚至更多。正是这种强烈的发财愿望，使我克服了许多困难，在事业上有了一点成绩，也挣到了属于自己的 1000 万元。做生意的人应该把盈利赚钱作为人生的目标，没有这种目标算不上一个真正的生意人。”

“塞满钱包并非完美，但是钱包空空却是不可原谅的罪恶。”

“有钱并不是坏事，要知道钱会祝福人间的。”

“金钱会不断给你提供机会。”

“金钱会给好人带来喜讯，使坏人更倒霉。”

这些是犹太人的金钱观念。如果不是以盈利赚钱为目标，那些犹太人中的大商人是不会产生的。

在中国的封建社会里，商人历来被人鄙视，在士农工商“四民”中，商人被排在末位。但也有例外，在山西商人的心中，经商是一件治国、兴家、立业的大事。正是凭借着这样一种强烈的人生观念，山西商人自明朝开始至清朝末年称雄天下 500 年，声势之浩大，无人可比。

“天下熙熙，皆为利来；天下攘攘，皆为利往”，对于经商谋利，山西人自有独特的见解。他们把经商谋利看做十分荣耀的事，“士农工商”四民的次序在山西人眼里被颠倒过来了。所以，当时山西就有“以商为本”之说，万里经商，习以为常，虽远在他乡，却不以身家为念。

有的山西商人在自己经商发达后，甚至立下了“吾家世资商业为计”的祖训。在他们的后代中，有才华优秀者，被选贡赴京入国子监，但他们却放弃这样的好机会而甘心为商人，还有的已经有了官位而弃官经商。他们完全抛弃了世人“儒为名高，贾为厚利”的传统看法，认为儒、贾追求可以一致，行贾也可以习儒，儒可贾，贾可仕，仕可不失贾业。

山西人选择了以经商活动为主要谋生之路、致富之道，而且并不以工商为末而羞惭。在山西人眼里，只有精明强干的能人才能以经商为业，有所成就。基于这样的人生观念，山西人坦坦荡荡、大大方方地经商谋利，走上了富甲天下的道路。当时的山西民谚中流传着“养儿开商店，强如做知县”、“买卖兴隆把钱赚，给个县官也不换”的说法。可见，把商业作为一项人生的崇高事业对待正是山西商人经商取得成功的重要因素。

对于商人的金钱观，日本的经营之神松下幸之助先生曾有过“钟情金钱”的经验之谈。他认为：若不钟情于金钱就无法成为巨富。只有钟情于金钱，视财富为命根子，才能增加财产。我们平时想做那个，想做这个，都需要依赖钱。虽然钱不是万能的，但没钱却是万万不能的。没有几个钱，你在演讲时说“我以前是个富翁，我的家原本是个大别墅……”谁都不会相信。因为有钱，所以才能洽谈生意，事业才能发展，若想成为大富翁，最重要的是首先要对金钱感兴趣。

由此可见，做生意的人一定要爱钱。只有爱钱，才会执著地经营着事业。深入地研究金钱的个性、作用和利弊，才能学到赚钱的秘诀和窍门。君子爱财，取之有道，金钱之利，是生意人的理想，只要合理合法，“唯利是图”也在情理之中。

人生路上需要胆量

为了赚钱，你应大胆地去尝试！

一个决心赚更多钱的人在辞职改行时，往往会遭到周围人的非议。但只要是合法的赚钱方法，没有什么可耻的。

很多没有胆量入情场的人，都有这类害怕：他们不怕别人痛打，不怕枪弹袭击，只怕别人的嘴脸。别人的嘴脸真的恐怖吗？并不！他们怕的东西，来自他们自己的内心。他们幻想自己开口求爱时，别人见笑，自己因此感觉丢脸而不好意思。

为了获得自己想要的东西，你应勇敢地、不怕一切地碰碰运气。船王包玉刚初到香港时，曾经干过进出口的买卖。以后，转行做船业的生意；船业不景气时，转行做地产；地产不景气时，又转行做银行的生意。另一位李嘉诚先生，担任过推销员，做过塑胶花的生意，做了地产生意后，又做了股票和银行的生意。

事业本身没有一件是坏的。而所谓坏的事业，它绝不是真正的事业，而是犯罪的勾当。如把假药当圣药卖给群众，如此它算不上事业，是欺诈。

经常碰到一些公司的推销员，在大街小巷推销商品。过去一问，他们中有大部分人的家人反对他们做这一行。但是，如果不能克服羞怯心，又怎么能赚大钱呢!

以诚信之心经商

有一件事是可以肯定的,那就是我们生活的这个世界是在不断发展进化的。在世界的任何角落、任何一件事上，我们都能够看到这种进化。陈旧的事物将会接受时代的检测，过时的东西将会被丢弃，多余的东西将会被淘汰。所有的事物都在发生转变，一成不变的东西在我们这个世界上是不存在的。

几年前，买家和卖家还要像打仗一样进行讨价还价。现在买家和卖家的利益已经融为一体，交易双方都不挣钱的买卖在我们看来是不道德的。如今这种视顾客为上帝的商人是非常明智的，他们会把自己当做顾客的顾问。他们会维护自己的利益，尽量使自己不犯错误。最出色的现代商人会坚决抵制假货，即使这种假货非常有销路，他们也不会做这种生意。这是一种他们不会提供的需求。

永远记得这一点的卖家会把买家看做自己生命的一部分，就像那些雇员们把自己所获得的利益看做他们老板的利益的一部分一样。

如果在贸易中把贪婪和自私结合在一起的话，那么最终将面对的就是破产法庭的宣判。买卖双方的相互关系是获得成功的关键。对社会有益的人将会获得奖赏。

最终的统计结果是消费者不仅要支付商品货物本身的价钱，还要支付该商品的营销成本以及广告费用。商人们所要解决的重要环节就是要在提高产品质量的同时，降低消费者所要承担的成本费用。

在时髦的旅馆里,每一位旅客都会有一位专门为之服务的服务生为之效劳。那么也就是说，沃尔多夫旅店的承受能力是在满足1600人的同时，也不得不承担1600个雇员的工资薪金。如果旅馆能够客满的话，那么旅馆就会赢利。

而如果旅馆里的旅客人数只有其承受能力的一半的时候，旅馆的雇员人数是不变的，而他们的工资也是固定的，那么旅馆就会亏损。在三星级的饭店里吃一顿饭你只需要花费 50 美分，可是你要是在五星级的旅馆里吃相同的一顿饭，你就得花上 2 美元。因为在五星级旅馆里用餐的时候，无论是在你点菜还是付款的时候，在你的旁边总会有一位服务员随时为你提供所需的服务。在你离开之前，这名服务员会一直待在你的身旁。这些服务员会由一个或两个领班来领导。那么这些人的工资自然会包含在你的账单之中。所以无论你是否得到了服务，你的实际消费都是包含了你不得不支付的服务费用。

有一位美国人去英国旅行，当他在一家饭店用过餐后在自己的账单上居然发现了“孔雀——8 先令”。由于他没有吃过这道菜，所以他立即让服务员解释清楚到底是怎么回事。他所得到的答案非常简单：“孔雀在外面开满鲜花的草坪上，如果您没有看到的话那就是您的问题了。”因此，当你去某个消费场所的时候，那里长着翅膀的鸟、精致的便利设施，以及那里陈设的奢侈品的费用都会记在你的账上。

有人指出了巴尔的摩饭店经营模式流行的原因。在这里你可以自己选择想要的东西，并且自己为自己提供服务。这里没有服务员也没有穿着制服的奴仆，因此你也就用不着给小费。你自己为自己服务就可以节省一笔花费在服务上的费用。另外，我们应该注意到，那些光顾巴尔的摩饭店的人大多数都不是有钱的富翁，他们都很重视时间以及追求经济实惠。那些已经胖得有了双下巴和紫面色的大款们，他们最大的乐趣就在于能够给大厅里的服务员们留下深刻的印象，但是这类人的数量正在减少。

侨居外国而靠国内汇款生活的人就不得不成为一个阿谀奉承的人，而一位收支平衡的商人就能够自己服侍自己。

几年前，批发商还是非常有实力的，但是现在他们的业务只是给些比较小的没有特色的商店提供服务，而且他们还经常承受金融疲软的风险。有预见有眼光的人说批发商将会在历史舞台上消失，因为现在的大零售商店都会直接从生产厂家直接进货或是拥有自己的生产企业。他们的首要任务就是提供人们所期望得到的商品。

信用在商品的买卖中起着很大的作用。买家越来越意识到要信任卖家，卖家也越来越意识到他们的利益是与买家密不可分的。老沃尔特·怀特曼曾经说过：“把自己看作别人。”就是说，应该把自己放在别人的位置上来看问题。相互理解是一种财富，诚实可信也是一种财富。

如果我们有什么想要买的商品，那么我们宁愿花费 2 美分的邮资把订单邮寄过去，也不愿意用掉10美分的汽油和一个小时的时间去把它买回来。精力上的节约同金钱上节约同样重要。

人们都沉迷于逛商场买东西，但是“逛商场”会让人筋疲力尽，人们都在学习如何保存体力，未来我们“逛”的将会越来越少，而买到的东西却会越来越多。这是我们的兄弟姐妹、亲戚朋友以及商人们将面临的选择。

将来商品交易的原则就是：商人们先供给人们一份商品目录，在目录中人们可以了解商品的简要介绍，然后人们把所要买的商品的订单和所需的钱数寄给经销商，之后那些诚实可信的商人们在收到货款后会主动通过有效渠道把货物送到购货人的手中，这就免去了交易双方的谈判。如果交易双方都能够按着上述原则并充满情谊地做事的话，那么我们生活中的摩擦就会减少，快乐和满意也就会随之增多。

一旦你去商场购物的活，那么你就要花费大量的时间，而且总是会有一名导购员和一名收款员为你服务。你可以想象这些人的服务费用自然就会由你来支付了。

另外去商场购物，你就要在商场的营业时间去购物，而通过邮寄的方式购物，你可以在你自己愿意的任何时刻购物。有一种现象是非常普遍的，那就是那些光顾完大型购物中心的人会到巴尔的摩的集市上寻求一下心理的满足，因为在巴尔的摩的集市上流行的是杰斐逊派的简朴。

另外，那些偶尔去逛商场寻求乐趣的妇女们非常喜欢邮购的直接性与经济性，这一点毋庸置疑。

大型的百货公司正在用越来越多的地方摆放那些说明商场的产品布局的牌子，同时还在用越来越多的教育中心来解释说明各种商品的质量和性能。

人们正在越来越多地通过邮购的方式购买商品。

如果这种亲如兄弟的精神——也就是人们彼此间的相互信任程度增加的话，那么邮购的交易量将会上涨。

有一年，美国最大的邮购公司的营业总额为5500万美元，而美国最大的百货公司那年的营业总额只有2800万美元。二者在一年中的销售费用是相同的，两个公司的年净利润也是相同的，两个公司的资金投入还是相同的，那么为什么在获得相同利润的情况下，邮购公司的年营业额却是百货公司的2倍呢?

因为邮购公司的额外利润都给了它的顾客。

“一位满意的顾客就是最好的广告。”

一名消费者第一次邮购的商品的价格可能只有1美元多一点儿，但是他的第二次就会达到3美元，第三次就会接近8美元，以后会不断上涨，而邮购公司所运营的商品货物的质量和级别也会越来越高。

这能证明什么呢？这表明消费者随着他的邮购经历的增长，对邮购的信任程度在增加，并且会逐步养成邮购的习惯。

这里我们就不得不面对“乡下商人”的问题。我们始终要牢记，贸易总是沿着对其最有利的方向发展的，贸易所遵循的规律就是自然规律。交易不是因为乡下的商人才存在的，同样它也不是因为商品批发商和沿街兜售的小贩才存在。商业存在的目的就是为人们提供他们所需的商品，能够使商业贸易更好地进行的方法将会被人们所接受。生命的规律就是向着好的方向发展。先进优秀的事物会取代落后卑劣的东西。乡下商人的首要任务也将进行自我调整以适应时代的要求。很多人将不得不从事新的行业。今天社会对人力的需求比从前大得多，尤其是那些能够适应时代需要的人将会得到更高的报酬。

人生的原则就是不要违背时代前进的方向。

薛西斯一世曾经用锁链抽打正在接近的海浪，但是海浪还是打在了这位波斯国王的身上。

乔布曾说过：“迄今为止难道有谁会对大海说些什么吗？难道人的骄傲势头将会停止吗？”

我们可能最好还是让交易的发展势头停一停，因为乡村的商人已经落在后面了。那些能够沿着时代所指引的方向前进的人是明智的，他们能够驾船在自然规律的浪潮顶端抵达成功的港口，而不是阻碍时代的发展。

有些人误以为邮购公司是渴望包裹邮递的，但实际上，邮购公司是反对包裹邮递的，至少对这种做法是比较冷淡的，因为包裹邮递的开始会造成订货规模的降低。邮购商们努力使他们的客户加大他们的订货规模或是进行集体订购，这样可以降低运送费用。那些通过运送货物方式的买卖能够获得利润，而通过包裹邮递的话就不会获得利润。正是因为这样，包裹邮递将会大大刺激小商人们从事邮购交易。事实上，乡村商人在包裹邮递出现的时候就会渡过他们的难关，在3英里之外扩展他们的业务。

包裹邮递正在到来，因为人们需要它。

需要诚信的邮购时代正在到来！

不要忽视生意场上的情谊

商业活动中，朋友借钱是很难应酬的。应酬不好就滥用了友情，把友情渗透进了经济交往中。用准确的语言来说，是把友情抵押给了金钱，最后金钱吞噬了友情。因为友情不能抵押，抵押过的友情如同修补过的脸盆，无论你怎么视而不见，它都让你忘不掉。

友情虽然很伟大，但友情也很脆弱，在经济生活中我们绝对不能滥用友情。正因如此，许多成功的商人都抱定了一个宗旨，不和朋友做生意。因为友情不容投资，和陌生人做生意能交上朋友，和朋友做生意会失去友情。

可是，事实上，我们都生活在商品经济社会里，任何类型的社会关系都不能脱离商品经济关系而存在。友情自然也不例外，它正受着现代经济关系的挑战。我们如何应对这种挑战呢？也就是说，在日益复杂的经济交往和人际关系中，如何捍卫我们的友情呢？

朋友之间开口借钱是最平常的事，因为是朋友，如以就要相互帮助。当然，许多人都能做到好借好还。但因为各种原因，总有人不按时归还，或根本就不能归还，有的人甚至在借出之前就知道，这钱已丢在水里了，但又碍于情面和友情，觉得对不住朋友，真是左右为难。

这个时候得问清楚，朋友用钱做什么。如果是生活所必需，用于衣食住行，那义不容辞，没偿还能力也必须借。反之则不然。因为他已经失去了最起码的信用，如果再去冒险做生意，就必须拒绝。

再一点你可以给予一定数额的馈赠。如有人向你借5000元钱，而他并没有多少偿还能力或信誉不佳时，你可以主动资助他300元或500元，并言明，他可以不用还了，这样看来你吃了亏，但实际上你失去的并不多。

大众传统的友情观是：你的就是我的，我的就是你的，都是朋友。说得潇洒，听得欢快，其实不然。应重视“立字为据”，先小人后君子，否则往往为友情埋下了“翻脸”的导火线。

生意人都有同朋友合伙的经历，往往是生意好做，朋友难处，民间早已有了定论。一般人都有这样的经历，在经济交往中，如果与生疏的人有什么金钱交往，往往都会想到立个字据，而和朋友交往，谁也不愿提及或根本就想不到字据这个说法，事实上都是这个心态的反应。

现代社会是个法制社会，朋友间的任何交往也要受到法律的制约，我们的友情也要适应这个法制的社会。我们必须转换心态，不要让友情为我们承担太多的负担。学会运用合法的手段维护友情，这是现代应酬成功的契机之一。

友情不是抽象的货币，也不是无形的投资，我们不要把友情当成一切。在日常应酬中为友情找个支点，这样对你与朋友双方都方便，用善意的应酬技巧给友情定位，重新认识友情，这是珍重友情，更是善待友情。

与合伙人相处的智慧

合伙人及合伙时机的选择固然重要，但合伙以后，合伙人之间的相处，保持恰当的合伙关系就成了重中之重。如果合伙人之间矛盾重重，各怀鬼胎，不能坦诚相见，必然会使企业停滞不前，直至走向破产。就像风雨中行驶的小舟，如果船员之间缺乏应有的配合，各自为政，必然逃脱不了船倾人亡的命运。但是，至今为止没有任何方法能彻底解决这个难题，人们只能通过一些努力，提高自己的修养，使合伙人相互团结，最大限度地发挥合伙企业的作用。

经营之神松下幸之助曾经说过："用人的关键在于信赖，其他的都是次要。如果对合伙人处处设防，半信半疑，一定会损害事业的健康发展。"

合伙人的经营管理理念不尽相同，个人意见很可能不被其他合伙人采纳和接受。如果大家都能互相信赖，相互谅解，相信彼此都是为了把生意做好，就会精诚团结。可见互相信任是合伙企业成功的基础条件。如果你经过仔细调查和观察，觉得对方可以信赖，是你理想的合伙人，就一定要推心置腹，充分信任。

信赖是对他人人格的尊重，是人与人之间最可宝贵的感情。没有信赖，就不可能使合伙人充分发挥他的主观能动性和创造性。

当然，相信他人在生意场上是要冒一定风险的。然而除非你不打算合伙，否则就必须相信你的合伙人。一定要有"用人不疑"的气度，才能使生意有更大的发展。千万不可疑神疑鬼，各怀鬼胎的合伙生意，是不能长久的。

合伙企业可以集多人的优势于一体，同时也把各自的利益绞在了一起。合伙人之间难免发生摩擦，搞不好还不如一个人单干。要克服这种局限，你就必须利用坦诚相见这个润滑剂。首先，要对合伙人进行感情投资，使大家在和谐、团结的气氛中一起工作，产生荣辱与共、休戚相关的团队精神；其次，还要与你的合伙人多交流沟通，诚心诚意地交换看法。但是，不能把坦诚相见等同于简单的直率，把信口乱说当作耿直，坦诚也需要用适合的方式来表现。最好是心平气和、婉转含蓄地私下交谈，别让第三者参与，以免产生不良影响。

"三人行，必有我师。"圣人孔夫子都认为自己有缺点和不足，作为凡夫俗子的我们则更是如此了。合伙人有自己的优势，也有自己的劣势。只有认识到这些，主动在合伙人之间把优缺点挖掘出来，同时相互尊重、取长补短、优势互补，才能充分发挥个人和集体优势，在竞争中获胜。

只要牢记一点：合伙人的利益就是你的利益，只有通过合伙企业发展，才有个人的发展，这样就能人我两利、利义并重。有了这种心态，才能与合伙人友好相处。尽管你做到了以上的每个要点，但是由于合伙人之间认识上的差异、信息沟通上的障碍、态度的相悖以及相互利益的互斥，矛盾冲突在所难免。

当激烈的矛盾冲突发生后，合伙人就应该坐下来，通过协商的办法来解决，但在协商中也应注意一些技巧的运用。

首先多做自我批评。合伙人之间的矛盾冲突是多方面原因引起的，有自己的原因也有对方的原因，还可能有第三者的原因，要想化解矛盾，就应该从自我批评开始。这样会给对方造成负疚感，也会坦诚地把自己的错误找出来，不致将矛盾激化。当然，提倡自我批评并不意味着没有原则地迁就对方，从某种意义上说，责己既是手段又是策略。

回避退让。回避不等于逃避，而是为了防止矛盾激化，并在回避中等待解决矛盾的时机。当矛盾或分歧比较严重，并且一下子难以解决时，为了不使矛盾进一步发展到激化的程度，应有意识地减少与有矛盾的合伙人接触，避免正面冲突，使大事化小，小事化了。

求同存异。矛盾冲突的各方，暂时避开某些分歧点，在某些共同点上达成一致，以达到化解矛盾与冲突的目的。这是解决合伙人之间矛盾冲突而不影响企业正常运行的最好办法。求大同、存小异，做到大事讲原则小事讲风格，在枝节问题上不苛求于人，这样不但可以避免冲突的发生，而且还会调解或解除现有的矛盾冲突。

模糊处理。在特定的条件下，对于一些无原则性的矛盾冲突，可采取模糊处理的办法。模糊处理，不是不问青红皂白，而是冲突本身无法分清谁是谁非，若硬要是非分明，反而会助长对立，激化矛盾。模糊处理法是坚持原则立场，处理无原则的冲突的最好方法。

商人要正确看待别人

对于人情世故的了解以及对某人的职位、境遇和思维方式的分析能够帮助我们确定如何与此人相处，我们也可借此获得他们在某一方面的支援，以便顺利地实现我们的宏伟目标，这一点十分必要。

有人鼓吹自己对人情世故如何精通，但除此之外，对其他事情他几乎一无所知。如果你请求一个吝啬鬼帮忙，如果他会因为帮你而损失时间或金钱，他是不会帮你的。一些原则性很强的人既可能成为你生意上理想的合作伙伴，也可能会因为财产纠纷与你对簿公堂，因为这样的人很有耐性，会把细节问题调查得一清二楚，而且对琐事一丝不苟，而慷慨的人则对这种做法嗤之以鼻。虽然诚实的人对这种从某个人的缺点中找优点的做法，可能不以为然，比如拿吝啬鬼来说，他们认为，吝啬就是一种缺点，不需要给吝啬划定什么范围。性格冲动的人，会因为一点小小的不愉快而怒不可遏，但事后一般会很快忘掉刚刚发生的不快，为了弥补他的过失，在他的能力范围内，他乐意为你去做任何事情，得罪了这种人其实没有什么大不了的。但要是换了性格阴郁的人，他说不定会卧薪尝胆，等上你7年，找机会让你尝尝倒霉的滋味。

我们可以请那些上了年纪、做事稳重深沉的人给我们进行指导，指明方向。但若是要派人出去做生意，还是要充分利用那些生气勃勃的年轻人。有些人根本没有什么个性可讲，却常常把自己以前那个交际圈子的习气保留下来，这种人的建议或帮助，没有什么利用的价值。

要想在那些得意忘形、贪婪成性的人身上找到什么有价值的东西，这只能是竹篮打水一场空。通常，贪婪是卑鄙无耻之心的产物，如若一个人是挣钱的天才，一般不会再有什么其他的作为。因为一个从一无所有到腰缠万贯的人，会整天忙着自己的生意而无暇顾及自己思想水平的提高，他只会每天惦记着自己的财产，别的事情一律抛在脑后。

夸夸其谈的人令人生疑，胡吹瞎捧是他们天生的弱点，常常使他们忘了自己是谁，满口胡言乱语，没有半句真话。只要是对这个社会有起码常识的人都不会轻信这种人所说的昏话。你要是相信这种人而把秘密告诉他，他很快就会给你捅出去，而且不假思索、信口说来。多嘴的人很容易得意忘形，不知会说出什么不妥当的话令你麻烦缠身。

性格过于温顺的人也不是你适合共事的人，这种人的谦逊很容易令人生厌。

志趣是判断一个人真实性格的重要依据，你也可以凭此推断出他在某个特定场合中的表现，除非是智力低下或聪明过头的人才会反复无常，令人难以琢磨。一个人性格中不同的几个部分同样也是互相关联的。例如，你发现一个人做事草率、容易冲动的话，你肯定会想当然地认为这个人一定朴实无华、思想开放等等。然而所有的事情都是有例外的，当然也包括这一条。

以强欺弱者通常都是胆小鬼。当你不幸要和这种人打交道的时候，你最好是大胆地接近他们，与他说话也一定要铿锵有力。你若是表现出一丁点的懦弱，他就会仗势欺人，不给你好脸色看。

你若是不幸栽在以下6种人的手里，你就不要盼着有什么好果子吃了。

1. 心胸狭窄，品德低下之人，只顾自己利益，不管他人死活；
2. 好吃懒做之人，懒得来答理你；
3. 整日奔忙之人，无暇顾及你；
4. 家财万贯之人，目中无人，不屑于求人；
5. 穷困潦倒之人，自身难保，无力帮助别人；
6. 忠厚善良的痴人，虽有心助你，却无能为力。

以上所说的当然不是绝对的，有的时候，也有很多例外。

忙碌的人可以分为很多种，有的人一心向善，他们是人类中最优秀的一群，尽管整日奔波，但他们还是想方设法腾出时间做些善事。我们有时会听说当某大型公益事业即将开始的时候，政府有时会要求市民们作出自己应有的贡献，出钱出力都可以。一般来说，我们就会想这些大忙人整天忙得不可开交，哪有时间管这样的事情。但事实正好相反，这些人恰恰是贡献最大的一群人。还有人认为商人有很多闲暇时间，这种观点有时是正确的，当商人们把自己的商业计划安排得井井有条之后，他们一般会享受上一段休闲时光，但如果说他们闲暇时光比其他人都富裕，那就不符合实际了。

另外，富人也可以一分为二。有些富人虽然腰缠万贯，却没有常人想象的那种世俗观念。上面提到的目中无人的富人属于另外一种类型。这种类型的富人拼命挣钱，但死死抱住怀里的金罐子不放，《福音》中说，守财奴式的富人要想进入精神极乐世界，比骆驼过针眼还难。

作为一个商人，拥有什么样的品质最为合适呢？一个合格的商人应该具有高尚的道德和信仰、冷静而又决断的性格、友善的脾气、勤劳的双手、丰富的社会知识和经验，还要有多年积累的好名声和一个宽松的外部环境，拥有了这一切，你才能成为一个令人尊重、前途无量的商人。

赢得人心，赚取财富

商场如同战场，如今的市场竞争，已经演变为商品质量、价格、售后服务和企业形象、信誉以及与消费者的关系等全方位的竞争。特别是与消费者的关系、情感，在商品营销中的作用越来越显得重要。感情能转化人的认识，感情能影响人的行为。在商家林立、货比多家的情况下，人们自然更愿意到信得过、感情亲近的商家购物。对此，一位美国著名企业家深有体会地道出："现代商战的胜利，不在乎你占据多少个商场，而在乎你占领多少个消费者的心，占领了消费者的心，你就拥有了一切。"中国的学者亦精辟地指出：在激烈的市场竞争中，商战的赢家是人心与金钱的双赢。

营销中怎样才能既赚得人心又能赚得合理的利润？这除了要具有真情真爱，真正视消费者为衣食父母而不是口头的"上帝"之外，还有一些谋略、方法需要灵活运用。

1. 雪中送炭

人生在世，衣食住行，一天也离不了，而且常常还会出现对某种商品的需要。急人所急，解人之困，不失时机地将消费者急需的某类商品送上，便会格外得民心，顺民意。泰安市有家真空棉厂，开业之初，恰逢九九老人节，他们便筹办了一次献爱心活动，将生产的第一批棉衣棉被，拿出一部分送给当地的特困老人。这件事，多家新闻媒体争相报道，结果既有了知名度，又赢得了口碑。产品面世，立刻形成热销之势，达到了名利双收的目的。雪中送炭，易于赢得社会广泛的赞誉，受其情感的鼓励与感染，自然也就有了众多的顾客，从而使企业旗开得胜，获得了人情与利润的双丰收。

雪中送炭的关键是知雪、识雪，自然界的雪是容易觉察的，而消费者生活中的"雪"就需认真地调查观察并具备叶落知秋的敏感才能发现。

2. 锦上添花

生活中人人都有喜事，家家都有喜事。俗语说，人逢喜事精神爽。人一旦有了好的心情，就容易接受他人的建议，并采取某种行动。所以，当他人处于喜庆的时刻、喜庆的场合，不失时机地献上一份礼品或信物以示祝贺，为对方助兴增光，对方便会喜上加喜，将商家视为知己。一朝视为知己，便成了亲近的顾客。上海有家酒店，对前来办生日宴、婚宴、寿宴等宴席的顾客分别建立了"纪念档案"，每逢他们的婚、寿、诞辰纪念日，酒店都要免费为这些顾客送去贺卡和一份喜庆蛋糕。礼物虽轻，但情义却分外重，每每让老顾客喜上眉梢、激动不已，对酒店倍感亲近，心甘情愿成为酒店的回头客。再如，国外有家卖婴儿奶粉的厂家，从各医院搜集信息，对那些临产的妈妈，在其分娩前的两三天寄去婴儿奶粉供免费试用，并有贺卡以表祝福。一对夫妻喜添贵子或喜添千金都是一件大喜事。奶粉厂不早不晚送上祝福和礼品，这实在是好事成双。心境极度快乐的婴儿父母对奶粉厂怎能不顿生感激之情，不用说，随着孩子对奶粉越来越多的需求，便成了该奶粉厂的长期用户。

锦上添花的运用之妙在于识"锦"，即要通过认真的调查观察，及时发现消费者生活中的喜事，针对其美好的心境，献上一份爱心，以激起对方情感的浪花，赢得对方的青睐。

3. 乐善好施

企业经营有了一定实力，拿出部分利润赞助公益事业，救灾助残等，既是对社会的回报，尽一份社会责任，也是对广大消费者奉献爱心、塑造企业美好形象的一种积极表现。1998年江西遭受特大洪灾，牵动了亿万人的心，全国上下，有钱的出钱，有物的出物，支援灾区人民抗洪救灾。生产“神州牌”热水器的一家企业，果断地决定免费为灾区人民维修被洪水浸蚀坏的热水器，并及时做出“告知”，告之广大消费者。消息传出，立刻受到用户和社会公众的高度赞许。施义举要把握分寸，他人遭受灾难时，这最易打动他人的心。加之抗洪救灾系当时的新闻热点，为全国人民所关注，企业的形象和信誉由此得到了很大的升华和提高。我们知道，好的形象和信誉是企业最可宝贵的无形资产，有了好的形象和信誉还愁日后没有大钱可赚吗？

乐善好施作为一种公关手段，在实施中还须选准对象和时机，生产“神州牌”热水器的那家公司在这方面处理得就十分恰当，收到了事半功倍的效果。

4. 推心置腹

人非草木，孰能无情。在商务活动或直接的商品推销中，有时几句推心置腹的话便胜过长时间的争辩。因为推心置腹以心交心，与对方的情感世界相通，容易引起共鸣。

古人说一言九鼎，似乎有些夸张，但说话针对人的情感世界和生存的普遍要求，常常可以发挥出意想不到的作用。

经商前先结交七种人

创业者成功的重要因素之一是人缘广，所谓八面玲珑，自然财源广进。但从商人的势利眼光看去，并非每一个人都值得花时间和精力去交结，连孔子也教人“无友不如己者”。但一般来说，创业者尽量不去得罪人，在无伤大雅、无大损失的情况之下，不妨处处与人为善、慷慨大方。不过以下几类人，是每个创业者一定要殷勤对待的：

1. 银行家

最善做生意的人是不用自己真金白银的人，钱从何来？最主要的还是银行，与银行家多多交往，一般不会白费精神的。

2. 大客户

无论有没有生意来往，一定要与大客户多多来往，今天做不成生意也许明天能行，许多生意是要先吃小亏的，先来些免费服务、额外服务，是为将来事业的发展铺路的。

3. 推销员

不论是否有生意做，都不能得罪推销员，并且要不时接见一下他们，跟他们谈话。因为推销员是掌握市场信息最多的人，只要你诚恳地与他们交谈，就可以从他们那里获得很多有价值的商业信息，可以通过他们更加了解市场动态。

4. 竞争对手的员工

这也是重要的情报来源，在适当并且合法的情况之下，不妨试着与之沟通，可以扩大自己的信息来源。

5. 材料的供应商

与他们的关系处得好，人家缺料你有料，材料涨价你已入了货，再加上账期长一点、服务好一点，就大大加强了你的竞争能力。

6. 律师

有官司时，他们替你解决问题，不仅如此，他们还可以指导你合法地经营公司，并会提供很多的免费咨询服务。

7. 会计师

他们会让你的账目清清楚楚、井井有条，这对公司的发展来说至关重要。

在生意场上，有这七种人做你坚强的后盾，你的事业就会有“乘风破浪会有时，直挂云帆济沧海”之势，在风云莫测的商海竞争中独占鳌头。

无本生利，精彩人生

现在你可以开始你的赚取职业外收入的行动了。

如果一时拿不出很多的钱来赚钱，也不必失望。很少有人到了腰缠万贯再去开始赚钱的。相反，也许对你来说，缺少资金和经验反倒是一件好事。

用10万元投资就一定比用100元投资的成功可能性大吗？不一定。因为，如果有一大笔钱，你可能去搞一个大行当，很可能办一家工厂，这对于像你这样一个几乎没有任何把握的人来说，倒是一条迅速走向破产的道路。

诚然，小本生意对你来说，破产的可能性并不小多少，但是损失200元、1000元不会像损失一大笔钱那样给你带来灾难性的打击。而且，从事低资本行当时，你不会去雇任何人来帮忙，这样你不得不自己去干那些繁琐的、棘手的小事，结果你会很快熟悉这个行当中的任何一部分工作。这样你连续取得成功的可能性就更大了。

开始之时，对你来说，时间总是比金钱要充裕得多，所以应尽可能地用时间来弥补资金不足。

下面向你介绍各种行当，除时间之外，这些行当不需要其他任何投资。当然，并非一定让你去干这些，只是举例以启发你的思路罢了。

1. 业余推销员

作为推销员，不需要经过专门教育，不管你是否高中毕业——只要你干净利落、口齿清楚，并且对推销工作感兴趣就行。当然，有许多朋友和熟人更佳。

2. 业务委托人

要成为一名成功的业务委托人，需要的是敏锐的洞察力和对别人的业务有浓厚兴趣。业务委托人都干些什么呢？他主要是帮助别人，一般是为公司的经理或独立经营者搜寻业务。可能是开发一种新产品，可能是为一种新产品寻找市场，也可能是寻找一种新的制造工艺，可能是寻找一项有用的专利，也还可能是给某一公司寻求一块地皮。

要成为一位业务委托人，你只需知道公司和经营者正在寻找或推销并愿为此付钱的东西是什么。给委托人的报酬通常是按一定比例从成交额中提成。为此，你首先要通过各种渠道掌握各种供求信息。

成功地完成一次委托，你几乎用不着花费什么资金就能挣到一笔钱。

3. 当顾问

要做成功的顾问，只需一样东西，那就是一个或几个方面的专门知识。只要你有一技之长，在一个大国里，总会有人愿意花钱利用你的专门知识。

现在的时代是专业化的时代，今天对具有高度专业知识的顾问的需求超过历史上的任何其他时代。只要你在某一领域有专长，或者通过学习能够学到专长，当顾问是赚取职业外收入的绝好手段。比如：市场学、科技写作、小企业经营、成人教育、退休人员生活、教育资金募集等，都可以作为你提供咨询的专业。

4. 地方代理人

成千上万的公司企业都愿意把你作为他们的地方代理人之一。有了这个资格，你就可以代表某个公司，替该公司推销产品，从中获取报酬。

到哪儿去为产品找买主呢？几乎任何地方——你的工作单位、街坊邻居、宗教团体、俱乐部——都能找到你的推销对象。要推销的产品种类很多，比如书籍、专业杂志、为有业务爱好的人设计的产品、住房修理用品等。为了把握许多机会，需要研究你所感兴趣的产业的样品和产品分类广告。如果你愿意当地方代理人，你可以拜访或写信给你感兴趣的公司，他们会很高兴地为你提供你开始工作时所需要的各方面的信息。

5. 其他不需要资本的行当

到现在为止，你对不需要资本的行业已经有了一个总的概念：或者利用你的天赋才能，或者找一个公司帮助你来开始你的职业外行当。你可以考虑的其他业余行当还有：给当地成人教育机构讲课，为报刊杂志撰写文章，为小公司、俱乐部及类似组织写广告、写告示，个体经营照片业务，手稿整理及画图，教人学习体育运动技巧，或者当服务员、招待员、电视修理工，或者教授音乐、外国语、绘画和陶瓷术等等。

只有小商人，没有小买卖

如果一心想做大生意，到头来由于各种因素的限制，结果一笔生意也未成交，好高骛远，脱离实际，往往会徒劳而归。有的公司在展示会上，营销计划做得太大，尽管客户十分感兴趣，决策人物也到了场，但结果仍不尽如人意。

对新创业的公司来说，找到客户，有业务做，尽管这笔生意利润并不可观，但只要有业务做总是值得庆幸的。

万事开头难，有了开端即第一笔生意，就会有第二笔、第三笔……因为客户已为你敞开了大门。

同时不要小视小生意，船小好掉头，生意小但易成交，虽然制单、发货、运输等方面显得费心些，但积少成多，钱毕竟是有得赚的。

如今已在美国家喻户晓的比萨饼，在许多年前由美国密歇根城两个名叫莫纳汉的爱尔兰兄弟从意大利人手里买下的多米诺比萨饼屋开始创业，这笔不起眼的生意后来在美国餐饮业中掀起了一场革命。

今天，饱尝创业之苦的莫纳汉兄弟在全世界已拥有5000家比萨饼连锁店，年收入高达50亿美元。这正是比萨饼成功推动世界的传奇。

因此聪明的营销员总是不放过每一笔生意，即使是一笔利润很少的生意，为了抓住客户，他们不惜修改过去制定的促销方案。只要客户中意，促销计划规模小些，自己业务困难些，但只要生意成交，方案能为客户所接受而在所不辞。

客户是衣食父母

在美国有这样一句名言："高质量的产品不是检查出来的，而是设计和制造出来的。"

质量管理为先体现着一种思想、一种意识，这就是顾客至上，把顾客的利益体现在产品的设计、制造、销售及服务的全过程之中。

从这个角度来认识质量及质量管理，牵涉到两个方面：一是产品本身质量的好坏；二是工艺质量的好坏。质量是从顾客的眼光看的，工厂在制定质量标准和谈质量问题时，应该以顾客的眼光来考虑对质量的要求。产品本身的可靠性、耐用性、可维修性和外观式样，这四个方面都直接涉及产品的质量。

1. 可靠性：说明产品能否按预期要求发挥其功能，是否可靠。比如，买笔的目的是为了写字，笔好写不好写，即可靠不可靠。

2. 耐用性：即产品的耐用程度，如笔可以使用多长时间。

3. 可维修性：坏了是否好维修。这又分为两层意思，一是顾客自己能否维修；二是厂商能否来修理。

4. 式样外观：产品的外观是否好看等等。

这反映产品质量的四个基本特性，不同的产品各有侧重，不可能四方面同时并存。举例说，刮胡子刀片，首先就要求有很高的可靠性，耐用性要求不高，维修性便可以不考虑。在市场上，有许多产品用一次就扔掉了，设计这类产品时就不考虑维修性。比如市场上出售的一种手提小电钻，很便宜，也很好用，但不能维修，用坏了就扔。如果生产该电钻的公司答应维修，也只不过作为一种营销策略，实际上是将电钻送回公司扔掉，给换一只新的。考虑产品是否需要维修，直接涉及产品的设计和生产问题，假如设计产品时，不考虑维修，设计和制造过程就可以比较简单。又如在服装行业（尤其是女装）中，主要强调设计新颖的款式，其他都不太考虑。又比如圆珠笔，一种是不换笔芯，用一次就扔了；另一种要换笔芯，这样设计和制造工艺就有很大差别。不换笔芯的笔，其笔帽、笔杆设计和使用的材料就不很讲究，生产工艺也较容易。那种需要换芯的笔，其笔套、笔杆就要设计得很漂亮，而且要经久耐用，其生产工艺、使用的材料和产品包装均较严格。所以，作为老板，从产品设计开始，以及在随后确定零部件时，都要根据上述四个方面进行平衡，决定取舍。以上四个特性都是对质量的基本要求，在此之后，还要考虑产品质量与交货期、成本等因素的平衡。质量管理也是市场营销战略中的一个组成部分，也可以说，产品的质量管理从产品的开发和设计阶段就开始了。如果不这样做，就不能给顾客以基本的利益。

在这种时候，质量思想或质量意识将转为整个企业的共同责任。有了这种责任，企业质量管理工作的重点，就不再是停留在一般的质量标准上，而是从市场需求出发，结合产品的质量特性，深入地了解消费者的质量需求。正如前面所说，对于产品的各种质量指标，消费者的质量需要是不相同的，即各个质量方面对于消费者并不是同等重要的。小企业只有有针对性地进行超前性质量开发，才能做到满足顾客需要的质量领先。

所谓超前性质量开发，就是通过对市场调查研究，了解社会质量需求变动的趋势和特点，探索产品质量发展的方向和途径，从而开发出具有质量优势或质量特色的新产品和新品种，并通过这些符合未来趋向的新产品、新品种去开发新的质量需求。对于小企业来说，关键问题是进行必要的质量开发投资，搞好质量发展预测。

质量开发并不完全是被动的。从国外消费品市场的情况看，通过产品广告宣传、产品说明书和使用方法标志，有可能把某种潜在的质量需求引发出来，使其转化为现实的质量需求。要研究质量竞争优胜者的产品质量特点。市场畅销产品往往反映了社会质量需求的某些倾向或代表了质量改进的某种趋势，研究这些产品的质量特点有助于了解和把握质量发展的方向。发达国家的大公司一般都设有这类研究机构。如日本松下电器公司就常常把其他公司的同类产品买下来，进行质量试验、质量分析和质量比较，以寻求改进产品质量的途径。

质量开发投资对小企业来说非常重要，又特别现实。

在小企业资金运用捉襟见肘的情况下，适当挤出资金提高质量开发，实乃远见卓识。

秉持坚韧不拔的“推销精神”

追求成功的人要有耐心，不能着急，今日不生效，明日再来，今年不生效，明年再来。对于成功的经营者来说，又何尝不是如此呢？

20 世纪 70 年代中期，为使当时尚名不见经传、遭人歧视的索尼彩电挤进美国市场，索尼公司的经营者曾煞费苦心。索尼公司海外部部长卯木肇先生经过深思熟虑，最后决定选择美国芝加哥最大的电器经销商——马希利尔公司作为主攻对象。第二天上班时，他兴冲冲地赶到该公司求见其经理，可回答是“经理不在”。

卯木肇不甘就此罢休！他一而再、再而三地造访马希利尔公司，要求与经理会晤。到第四次，马希利尔公司经理终于同意接见。

“我们不卖 SONY（索尼）的产品！”马希利尔公司的经理劈面就是这样一句，“你们的产品降价拍卖，像瘪了气的足球，踢来踢去无人要。”

卯木肇先生决定采取“韧”的方法，继续“缠”住这位经理，并在当地报刊上重新刊登广告，再造产品形象。

哪知马希利尔公司经理又提出：“索尼的售后服务太差。”卯木肇没有争辩，回驻地后立即设置特约服务部，负责售后服务，并在报上公布特约服务部的地址和电话号码，保证随叫随到。

但在又见面时，马希利尔公司经理再度以“SONY 在本地形象不佳，知名度不够，不受消费者欢迎”而拒绝经销。虽然屡遭拒绝，但卯木肇认为这位经理挑剔的由头越来越少，是成交的先兆，值得继续努力。

卯木肇立即集合30多位职工，规定每人每天拨5次电话，向马希利尔公司推销索尼彩电。接连不断的求购电话，搞得马希利尔公司的职员晕头转向，误将索尼彩电列入“待交货名单”，马希利尔公司的经理为此大为恼火。

卯木肇则不慌不忙，等经理火气消了一点时，大谈索尼彩电的优点，并指出：“我三番五次求见你，一方面是为本公司的利益，但同时也考虑了贵公司的利益……索尼彩电一定会成为马希利尔公司的摇钱树！”

经理动了心，勉强同意代销两台彩电试试。

卯木肇立即选派两名年轻能干的推销员送两台彩电去，并要求他们：要留在柜台里，与店员并肩推销；休息时轮流请店员去咖啡馆喝咖啡；如果一周之内卖不出去，他们就不要再返回公司了……

当天下午4点钟，两台彩电就已销出，马希利尔公司又订了两台。其后的一个月内竟卖出了700多台。

有了“领头羊”开路，芝加哥地区的100多家电器商店纷纷要求经销索尼彩电。不到3年，索尼彩电在芝加哥地区的市场占有率达30%。有了芝加哥这头“领头羊”，在美国其他城市的销售局面也打开了。

至此，卯木肇先生凭着其坚韧不拔的“推销精神”，终于使得索尼彩电成为占领美国市场的“日本名牌”，为索尼公司赢得了源源不断的丰厚利润，也为其出色的推销生涯写下了浓墨重彩的一章。

事实上，客户拒绝推销，常常有各种原因。或是基于内在需求的本能反应；或是因当时正为其他问题而苦恼、困惑的缘故，无暇或无心考虑你的推销；或是遭受了他人情绪的骚扰，将不良情绪转移到了你的头上……在这些情况下被拒绝，便不一定是你有问题，而很可能是对方有问题。当我们明了被拒绝并非我们自身的原因，我们有什么理由不打起精神去帮助一个苦恼的、又急需我们去疏导的“受难者”呢？

精通“空”字诀的优秀推销员知道，在这件事上你被拒绝了，但不表示别的事上你就会被拒绝；这个人拒绝了你，也不表示那个人会同样拒绝你；今天你被拒绝了，明天你未必还会被拒绝……只要你保持良好的心理状态和必胜的信念，就有成功的机会。

想尽办法掌握技术

干任何事情都要把握“空”的技巧，一心一意，要有远大的眼光与志向，不要争一时之长短。有时，人们为了达到某一目的，几近“不择手段”。

日本一个生产啤酒企业的经理一直对德国的啤酒制作技术很感兴趣，并想在东亚建立大型啤酒厂。他曾试图学到德国的啤酒制作技术，但德国人并不公开酿酒技术。因当时啤酒厂的保密程度很高，想获取啤酒制作技术，可谓是难上加难，他根本找不到获取技术的门路。

想来想去，别无他法。这位经理就扮作侨民到德国旅游。他在一家大型啤酒厂周围做了一个多月的秘密观察，终于想出了一个进厂的办法。

有一天，这家啤酒厂经理的汽车从厂内开出，这位日本人突然冲出来摔倒，把自己的一条腿塞进车轮底下，造成车祸。德国人只好自认倒霉，送日本人进医院治疗。伤好以后，这位“侨民”说因为断腿而失去了工作，要求进厂当个看门人，以便维持生存，德国人答应了这一要求。这位“侨民”终于当上了这家啤酒厂的门卫。

日本“侨民”在德国啤酒厂守门三年，工作非常认真，对进出厂的货物检查十分仔细，同时也把该厂的工艺配方、生产流程摸得一清二楚。突然有一天，“侨民”失踪了，时隔三年，德国啤酒商发现日本和东亚的一些国家不再买德国的啤酒了，而且听说日本也能生产高质量的啤酒。于是，德国啤酒厂商专程到日本访问，令他大吃一惊的是，日本啤酒厂的经理原来就是把腿伸到自己车轮下的那个“侨民”。他牺牲了一条腿，换来了一流的啤酒酿造技术。至此，德国啤酒厂商才恍然明白，但自己的技术泄露的结局已无法挽回。

无独有偶，还有类似的例子曾发生在一家日本餐馆。

19 世纪中叶，英国资本主义工业发展很快，棉纺就是其中之一。当时的布拉泽公司的生产蒸蒸日上，纺织品涌向全世界各地。这引起了日本同行的注意。

布拉泽公司位于英国某地一条热闹的大街旁。每到中午，公司的职员和工人们都到对面的一家馆子吃午饭。因为这是那条街上唯一的一家餐馆，所以尽管价格高昂，但每天还是顾客盈门，热闹非凡。

不久，在这家餐馆的附近又新开了一家餐馆，那里上至经理，下至服务员都是清一色的日本人。这家餐馆一经开业，就十分惹人注意。它不仅价格比英国馆子便宜，而且味道鲜美，服务态度极佳。时间一长，那些惯于守旧的英国人也经不起这些特色的引诱，于是情不自禁地把就餐重心移向这家日本人开的餐馆。最后，甚至连一些高级工程师也慕名前来。有时，某些职员或工人没带钱，在那里可以先赊账，并同样受到热情的招待。久而久之，日本餐馆人缘极好，生意兴隆。

几年后的一天，这家餐馆突然倒闭，理由是由于出售饭菜价格低廉，成本高而引起亏损。它使英国这家公司的职员和工人们都为之深感惋惜。与此同时，这家餐馆的经理和服务员声称“无钱回国”，并且通过各种渠道，尤其是常来光顾的吃客——一些工程师及高级职员，请他们说情，协助谋求职业，以便筹集路费，返回家园。

由于这些高级职员平时受到日本堂倌的“特殊照顾”，对于他们也格外同情，因此都极力向公司推荐。起初，公司也相当谨慎，但到底经不住高级职员们屡次的担保，最后，不得不松口了。但是，公司里规定，所有进厂工作的日本人不许进车间，只许在车间外面当粗装工，如推筒管、运袋皮、装纱等，只要一到车间门口，就由英国人接替。

经过一段时间的细致观察，公司管理人员发现这些日本人忠实可靠，干活卖力，并无任何可疑之处，再加上往日的“交情”，警戒慢慢就消除了。过了一段时间，这些日本人不仅能自由地进入各车间，而且有些日本人还被安排在技术部门工作。

可是，公司里的上上下下做梦也没有想到，这家日本餐馆的全班人马都是日本第一流的纺织专家。他们一边默默地工作，一边把英国纺织机的先进设备部件，结构及作用等，都牢牢记在心里。

若干年后，日本人声称已积蓄了一笔款子并准备回家。他们顺利地办好了出国护照，启程返回日本。回国后，他们经过几年的艰苦奋斗，设计出一套在当时说来是相当先进的纺织机械。从此，日本的纺织工业有了一个飞跃。

日本人采用的这种手段未必光明，但是，这种为了掌握先进技术，不顾一切，保持足够的耐心，设计环环相扣的方案，千方百计学习的精神，是值得我们学习和借鉴的。

掌握人性乃万“圆”之源

“渴望被肯定”——少数懂得满足人类这种欲望的人，便可以将别人掌握在掌中。对他人的长处彬彬有礼地承认，对他人的错误可以宽容地原谅。

人性乃万“圆”之源

人生活在社会中就不得不与人交往，就不得不注重人际关系，而人际关系技巧正是与人交往的润滑剂。但人际关系技巧可以说千变万化，会因人、因时、因地而异。那我们究竟怎样才能娴熟地运用它呢?

有这样一句话：“男人的心，大海里的针。”也有说：“女人的心，大海里的针。”人心真的这么难以捉摸吗？你去观察这个社会上那些成功的人士，那些成功的男人、成功的女人，他们的方法虽然千变万化、五花八门，但万变不离其宗，它们都是基于人性基础上的运用。

大家同来自于动物界，同在这个现实的世界中生活，这就决定了大家都有一些共同的本性，即人性。把握人性、利用人性，正是千般技巧、万种方法的源泉。

人性是什么？休谟说：“人性就是自私。”但对于人性最权威、最系统的剖析，应该是美国著名人本主义心理学家马斯洛的基本需要理论。

马斯洛认为：人类在社会生活各个领域的动机，均来源于若干始终不变的、遗传的、本能的需要，即人的基本需要。

马斯洛将人的基本需要按顺序分为五大类：

a. 生理需要（食物、睡眠、性生活等）

b. 安全需要（生命、财产安全有保障）

c. 归属和爱的需要（涉及给予爱和接受爱两个层面）

d. 尊重的需要（自尊和来自他人的尊重）

e. 自我实现的需要（促使潜在能力得以实现的需要）

高级需要以低级需要为基础，当某种基本需要得到满足，他会走向更高的层次，会因更高级的需要产生动力。由于社会环境与条件的改变，高层次的需要也可以占主导地位。这就是人性，也是本书所有技巧的心理学依据。

深刻地了解人性，把握人性，利用人性为你服务，将会使你永立不败之地。

要有水一样的性格

现代社会是一个激烈竞争的社会，竞争各方为了跻身竞争前列，无不使出浑身解数，不断推出新思想、新办法、新技术、新产品。激烈的角逐和竞争，使社会变化迅速异常。现代社会变化的速度，是历史上任何一个时代都无法比拟的。生活于这样一个变化多端的社会，需要人们具有最灵活、最敏捷的应变能力，审时度势，纵观全局，于千头万绪之中找出关键所在，权衡利弊，及时做出可行、有效的决断。从某种意义上可以这样说，在现代社会中，这种素质已经成为一种新的生存能力。谁能最及时地正确洞察社会变化，并能最迅速地做出反应，谁就将走在前头。而头脑封闭、反应迟钝、因循守旧、故步自封的人，会一再地坐失良机。不能深察明辨、盲目轻率地追随变化潮流的人，也会“差之毫厘，谬以千里”，造成决策的失误。

在现代社会，如果单单向前人讨教怎样生活、怎样做人已经远远不够了，更需要自己在社会生活中去探索、去体会、去总结。对于生活和做人的道理，前人确实探索过、研究过，留下了极其丰富的著述。但是倘若你以为单凭借前人的经验之谈，就可以顺顺当当地走完自己的人生之路，那就可能要大吃苦头。在多变的社会里，真正的危险不在于生活经验的缺乏，而在于认识不到的变化，或不能把握变化的规律。一个发展节奏加快、组合形式复杂的社会，在不同人中产生了不同的际遇：对于那些适应力强的人来说，多一扇门就是多一分希望，多一种变化就多一个机会；对那些适应力弱的人来说，多门等于没门，多机会等于无机会。性格封闭的人，不能把握社会变化的规律和趋势，无法对这种变化做出快速的反应，在多变的社会中就会处处碰壁，撞得鼻青脸肿而找不到出路。加速旋转的生活舞台，可能产生一种离心力，把一些不适应的弱者甩出去。

20 世纪 80 年代中期，有一部题为《让这个世界停下来吧——我要离它而去》的音乐喜剧片轰动了伦敦和纽约，反映了一部分西方社会的人对节奏加快的生活的反感。托夫勒说，他们是“情愿和这个世界脱离，也要按自己惯有的速度闲混下去”。在变化面前无法入门的人，自己也难以享受新生活带来的乐趣。老年人害怕变化，希望按照自己熟悉的生活方式安度晚年，这没有什么奇怪。害怕变化，这是心理衰老的一种标志。但是，青年人却应当欢迎变化，不应当对变化采取漠视甚至固执的态度，因为那将会有使自己的心理发生衰老的危险。

性格的灵活主要表现在为人处世的适应与变通上。大致可以归为三个“不苛求”：

（1）不苛求环境。现代社会的发展为社会成员的自由流动提供了日益充分的物质条件，人们对环境的选择要求日益强烈。然而，即使是高度现代化的社会，人对环境的选择也总是有一定限度的。在我们这个正在从事现代化建设的国家，由于历史的原因，更由于生产力水平的限制，一个不短的时期内，环境与人的交互作用的主导面，恐怕还是通过人对环境的适应来改变环境，而不是通过新的选择来调换环境。

善于适应环境表现了人的性格的灵活，它具有多方面好处：第一，能协调自己与环境的关系；第二，能优化自己的心境与情绪；第三，能调动自己内在的积极性；第四，能为进一步发展准备条件。所以，适应有积极与消极、主动与被动之分。我们提倡积极地、主动地适应环境，而不是消极地、被动地顺应环境。因此，适应环境与改造环境是一个事物不可分割的两个方面。

（2）不苛求他人。与适应环境同步存在的问题是，人也不应苛求他人。就是要承认别人能同自己一样选择、保护、发展他们的个性、习惯、兴趣和观念等。这是不苛求他人的第一个要求，也是灵活性格的重要表现。

现代心理学认为男性的女性性格化、女性的男性性格化，具有适应环境、适应他人的更大灵活性，因而在现代社会中也就能获得更大的生活自由度。

在人际交往中，和谐融洽是人人希望的，但是矛盾，隔阂常要光顾我们的生活，于是，对不苛求他人的灵活性格，又提出了宽容待人的要求。尊重别人的个性、习惯等，是一种宽容；当别人对自己表现出进攻的姿态时，能做到合理的谅解、忍让，则是更大的宽容。当然，宽容并不是不讲原则，更不是寄人篱下，而是以退为进。能宽容别人，在人际交往中保持性格的灵活性，是有益的交往态度。

（3）不苛求自己。这当然不是说对自己可以低标准、低要求。恰恰相反，不苛求自己，正是为了更好地要求自己，只是这种要求是建立在实际之上的，因而也是可能收到实效的。

不苛求自己主要有两方面的含义：

一是情感上的超脱。挫折、坎坷乃生活的题中之义。痛苦与欢乐同在，烦恼与幸福共存。成功的希望越大，失败后的痛苦就越深；智能越高，对苦闷的体验越敏感。要求一个神志清醒尤其是有进取心的人对挫折和失败无动于衷，是不现实的，正确的做法是如何迅速摆脱困境。超脱痛苦的情感，正是为了使现实的自我上升到理智的“超我”，从而实现自己的志向。

二是志向上的弹性处理。每个有进取心的人都有自己的志向目标。但是，制定了目标未必一定能实现。灵活地对待自己，就是要对目标的难以实现进行正确的归因，而不是一味地责怪自己无能、没出息。这就好比登山，这条路走不通，可以走别的路；一时登不上山峰，可以先登上半山腰。这种现实的灵活态度，倒可能最终把你引上“风光无限好”的山顶。

做人圆通的奥秘

现代人最大的苦恼之一是“圆滑和圆通分不清楚”，甚至“将圆通看成圆滑”，以致“看什么都不顺眼”。因为我们最厌恶圆滑的人。

圆通原本是我们十分喜欢的个人修养，一个人能够修养成为“圆通大王”，那还了得！

可惜圆通和圆滑表面上看起来，似乎长得一模一样，几乎不分轩轾。现代人脑筋逐渐扁平化，缺乏深度，看事情不能够“入木三分”，所以把“圆通都看成圆滑”，丧失对圆通的体认，而扭曲了整个社会的判断标准。

西方人一直拿“二分法”没有办法，始终摆脱不掉“二分法”的陷阱，不得已把它称为“必要的罪恶”。

现代的我们，西化的程度愈深的，愈无可奈何地生活在“二分法”的困境中，动不动就明确地“二选一”，果决地在两者中择取其一。

“请问要喝咖啡，还是红茶？”

“咖啡。”

虽然显得明快而清楚，却显然忘记了我们固有的“二合一”，不敢回答“随便”或“都可以”。

“二合一”早已摆脱“二分法”的困惑，深深地影响了我们的生活。

我们的基本立场是“既不反对也不赞成”，便是唯恐掉入反对或赞成这种“二分法”的产物所造成的圈套而难逃被套牢的噩运。谁也不愿意平白地被套牢，不是吗？

方圆的人的高明立场在“深藏不露”，事实上是站在“不露”的立场来寻求合理的“露”，同样把“不露”和“露”合而为一，不再二选一了。

真正圆通的立场，就是时时认清“二合一”优于“二选一”的事实，体认“真理存在于二者之中”，尽量在两种相反的矛盾因子中，寻求合理的平衡点，做到“相反相成”，把矛盾化解，使之成为崭新有效的结合体。

我们承认“圆通是高难度的素养”，一般人看不懂也学不精，何况一不小心，就会流于圆滑而遭人唾弃。然而一辈子学不会圆通，毕竟是人生一大憾事，所以“难学，还是要学；难精，必须用心”，大家共勉之。

满脑子“圆滑”的人，看什么事情都觉得相当圆滑，连带看什么人都觉得丑陋、卑鄙。要学“圆通”，第一步必须“以圆通代替圆滑”，从此脑海中只有“圆通”的期待，因为它不是“圆滑”的对立词，却是“圆滑”与“不圆滑”这“二分法”的“二合一”。圆通会有圆滑的成分，同时也含有不圆滑的成分。先接受“圆通”的概念，再观察“圆通”的事实，分析“圆通”的要素，就可以学得“圆通”的精髓。

圆通人士，平日携带妻儿拜访朋友、亲戚，为的是联络感情，建立“二合一”的关系。上司部属为求长期合作，往往也追求“通家之好”。

对于夫妻，我们总是“劝合不劝分”。既然结成夫妻，便是有缘，彼此要多包容，不能轻言离异。

圆通人士心中有数，劝导夫妻不可离婚，结果还是可能离异。至少不出自我的口，将来夫妻反悔，不致两个人一起埋怨我：“当初根本没有想到离婚，就为了听你那么一句话：既然合不来，长痛不如短痛，干脆分开算了。一时糊涂，听信了你的话，才产生这么悲惨的局面。”

劝导夫妻不可离婚，在夫妻吵架之后握手言欢时，心中落下一块大石，会庆幸没有劝导离异，否则夫妻必然会有怨言：想不到这么好的朋友，居然劝我们离开，真是人心隔肚皮，不知道安的是什么心！岂不冤枉？

再来看看修身，“二合一”的行为几乎随地可见。

“这件事，你看怎么样？”

“到目前为止，一切都还好，不过后面的演变，实在很难说。”

“王君的操守，到底怎么样？”

“我不太清楚，问了好几个人，都说很难说。”

精明人最常用的字句，好像除了“不一定”之外，便是“很难说”。样样不一定，事事很难讲。

“不一定”和“很难说”，实际上都是“二合一”的表现。一般人以为“不一定”就是不一定，那是“二分法”的受害者，把“不一定”和“一定”相对立，并不是精明人应有的想法。我们的“不一定”，含有相当程度的“一定”成分，所以仍然是“二合一”。至于“很难讲”，同样不应该看做“很好讲”或“很容易说”的相反词，我们的“很难说”包含相当成分的“其实也很好说”。

只要听的人有心听下去，轻轻问一句：“怎么很难说？”保证说“很难说”的人，就会接续把难说的部分轻易地说出来。站在“很难说”的立场来“很容易说”，有如“不一定”之后忽然产生“一定”的观点，既灵活方便，又有安全保障，对不对？

圆滑的人，只推说“很难说”，便不说明事实，甚至乱说一些足以混淆事实的话，对于事实的澄清具有负面的影响，大家的心里都很不以为然。

“请问这一次旅行，要给导游多少小费？”

“很难说，因为给小费是每一个人自己可以决定的事情，旅行社并没有规定，也没有理由做这种决定。”

每一句话都对，听起来很有道理。但是听的人觉得，“你把我当小孩，连这种常识都没有”；“你这样说，未免太见外了吧，要不要说是你的权利，也不必说得这样客套，提防得如此严密”；甚至“我还不知道你最小气，还要说得这样好听”，因而对答话的人相当反感。

圆通的人，当然不会直接说出“应该给多少”、“最好给多少”或者“我打算给多少”这一类的话来。但是，在“我们研究看看”、“我们不妨分头打听，看看别人打算怎么付”等等“推、拖、拉”用语之后，可能会说：“一般来说，每人每天给导游两块钱美金，不知道你觉得怎样？我们是不是再过几天，看看情况再来商量？”

“赞成”、“反对”是一种“二分法”，表示赞成或反对，即为“二选一”。精明人以“既不反对也不赞成”作为基本立场，便是“二合一”的思考方式。

任何事情，总是不断地演变。往往原本可以赞成的事情，演变到最后，令人不得不反对；而原来应该反对的，也可能愈变愈应该加以赞成。

把一切弄清楚，而且保证不再改变，这时候我们当然会当机立断，果敢地选择赞成或反对的态度。但是，就算如此，警觉性特别高的精明人，也尽量避免公开表态，以免引起持不同意见的人的指责，甚至仇视。

方圆人士都是圆通人士，不可能单刀直入地问人家赞成还是反对，因为对方认为有此必要，自然会主动表示，不必苦苦相逼，而得不到真实的答案。被人家问起赞成或反对时，也不可能直截了当地表示其中之一，却大多兼顾赞成及反对双方面的看法，乃至加以包容。

永远不对人发脾气

敌意和愤怒是人的致命心态，它们不仅是强化诱发心脏病的致病因素，而且是增加其他病并发的可能性——发怒是典型的慢性自杀。如果你的心绪欠宽容，那么学会抑制愤怒应视为当务之急。

不友好后面的推动力是对别人的怀疑。倘若料定别人不信任自己，我们是会失望的。疑心引起愤怒并导致以侵犯相报复。

与此同时，这种不友好的怀疑心理会引起体内肾上腺素和其他的紧张素加速分泌。随着内分泌变化，其嗓音会提高八度，呼吸加快而且粗重起来；心脏跳得更快更吃力，手足的肌肉绷得紧紧的。让人觉得“箭在弦上，不得不发”了。

假如你连续出现这种情绪，那么你的“愤怒商”就太高了，它有可能演变为严重的疾病。可怕的是，不友好的心态很容易使你发怒。即使是初次见面的人，你也可能迸发恼怒，这种恼怒或表现为愠怒，或表现为面红耳赤，吹胡子瞪眼。

能否有效抑制不友好的情绪，使自己更信赖他人呢？这主要在于自己的修养和来自亲人及朋友的帮助、劝慰。

经试验表明，在行为方式有改善的人中，死亡率和心脏病复发率均大大降低，少发脾气当然还有助于防止心脏病的发生。

要培植信任人的健康情绪，你一定得逐渐消除对别人玩世不恭的怀疑，减少发火的次数和强度，进而学会善待他人，体贴他人。

下面八条措施将帮助你完成这一心理、生理转变过程，便性格臻于完善。

1. 承认缺点

请告诉你的配偶和亲朋好友，你承认自己以往爱发脾气，决心今后加以改进，要求他们对你支持、配合和督促，这样有利于你逐步达到目的。

2. 保持清醒

当愤愤不已的思绪在你脑海中翻腾时，请提醒自己，保持理性，你才能避免短视、恢复远见。

3. 推己及人

把自己摆到别人的位置上，你也许就容易理解对方的观点与举动。在大多数场合，一旦将心比心，你的满腔怒气就会烟消云散，至少觉得没有理由迁怒于人。

4. 嘲笑自己

在那种很可能一触即发的危险关头，你还可以用自嘲从自己多疑的性情中解脱出来。“我怎么啦？像个 3 岁小孩，这么小肚鸡肠！”幽默是抖落掉猜疑尘埃和克服发脾气毛病的最好手段。

5. 训练信任

开始时不妨寻找信赖他人的机会。事实会证明，你不必设法控制任何东西，也会生活得很顺当。这种认识不就是一种意外收获吗？

6. 反应得体

受到残酷虐待时，任何正常的人都会怒火中烧，但是无论发生了什么事，都不可放肆地大骂出口，而该心平气和、不抱成见地让他明白，他的言行错在哪儿，为何错了。这种办法给对方提供了一个机会，在不受伤害的情况下改弦更张。

7. 贵在宽容

学会宽容，放弃怨恨和报复，你随后就会发现，愤怒的包袱从双肩卸下来，显然会帮助你放弃错误的冲动。

8. 立即开始

爱发脾气的人常常说："我过去经常发火，自从得了心脏病，我认识到以前那些激怒我的理由，根本不值得大动肝火。"

请不要等到患上心脏病才想到要克服爱发脾气的毛病吧，从今天开始修身养性不是更好？

人生路上金钱不是最重要的

"经济独立"意味着拥有许多金钱，以至于仅仅在罕见的情况下金钱有必要成为您生活的中心问题。当您的收入明显地超过您的需求时，您就实现了经济独立。简化生活之建议不是减低您的需求，就是提高您的收入。下列的简化生活之措施就是建立在这个基本思想之上的。

1. 过多的占有阻塞了您的财路

您购买东西花掉了许多钱。您喜欢拥有东西，以使您通过占有感到富裕，同时您害怕失去，但正是这个恐惧夺去了您更多获得的可能。无谓负担的特点是积蓄和消极的利滚利，为东西付出去的钱，不能再生钱，因而是死钱，充满生机的金钱循环因此而中断。在金字塔第一层描述过的清理废旧物品的行动，对于改善您的经济状况也是必要的。

2. 赞许使您富有

许多人认为，当他们多多占有时，他们才感到富有。我们确实通过周围人们的赞许而变得富有，因此，他们使您的心不是牵挂物，而是牵挂人。在您的生活中，最重要的东西是不可能用金钱买得到的：您的伴侣、您的孩子、您的家庭。

3. 金钱意味着：抓住机会

通往真正富有的下一步是：少一点东西，多一点钱。为此，您不要投资于过去，而应投资于将来。钱在周转中增值，无论投资了股票、不动产或您自己的公司都是一样的，尽管您可能将您的所得装在鞋盒里而得不到利息，但金钱毕竟意味着机会，而东西却相反，意味着您告别和结束了自由选择的机会。

您要懂得，钱必须流动循环。一旦您害怕付不出钱来时，并且仅仅是自我想象，您就会停止钱的循环。如果在一个社会里所有的钱都要攒起来，那么这个社会就永远贫穷。在一个社会里，所有的钱都要进入周转，这个社会才能保持流动发展，并且所有人都因此而相互联系在一起。

许多独立经营者也知道：收入亏损的阶段，人就会变得节约，接待顾客就会变少，自己的节制转移到阻止了顾客，这样就会形成了恶性循环，更好的做法应该这样：处于危机时更应投资于广告和顾客交际。此外，在经济紧张的时候，拼命接受任何合同是具有巨大的诱惑力的，但此时，人们也就失去了对现实利益和长期展望的总揽能力。

损人者自损

人际关系的观念可归纳为六大类：利人利己、损人利己、损己利人、两败俱伤、独善其身、好聚好散。

为自己着想也不忘他人的权益，谋求两全其美之策，这种关系自然令人满意，乐于合作。一般人看事情多用二分法：非强即弱、非胜即败。其实世界之大，人人都有足够的生存空间，他人之得不必就视为自己之失。

"百慕大之旅"引发的竞争动机，无疑将助长"你输我赢"的观念。秉持损人利己信念的人，难免会运用自身的权势、财力、背景或个性来压迫别人，达到目的。

从小就受到"损人利己"观念影响的人，在家里，就会表现出这种意识，手足之间有高下之分，乖孩子会获得更多宠爱与特权。这岂不正是告诉孩子，爱是有条件的，要得到父母的爱，就得与兄弟姊妹竞争。

年龄稍长，同龄团体更是以成败论英雄，而在朋友间的地位最受青少年重视。

学校教育也是以分数、名次定优劣，必须有成绩差的学生才能衬托出名列前茅者的光彩，至于个人的潜能发挥了多少并不重要。教育以竞争为尚，所谓合作往往只是假象。

运动比赛也强化竞争的观念，提醒观众与选手，人生同样是一场比赛和游戏，必须分出胜负，而且唯有击败别人才能成就自己。

法律则硬把人区别为敌对双方，打官司就为分出我是你非。所幸，目前司法界鼓励当事人庭外和解，这表示兼顾双方利益的观念已逐渐受到重视。

的确，人生不可能处处笼罩在竞争的气氛下。如果随时随地不忘与配偶、子女、同事、邻居……一比高低，生命将多么可怕。因此，唯有互助合作才能增进幸福。

有些人生性消极，习惯于委曲求全、损己利人，这比损人利己的想法更要不得。这种人无所求，无所欲，也没有原则，只急于讨好别人，容易受人左右。他们不敢表达自己的意见或感受，深恐得罪人，唯有借别人的接纳来肯定自我，这种习性正中损人利己者的下怀。

可是被压抑的情感并不会消失，累积到一定程度后，反而以更丑恶的方式爆发出来，有些精神疾病就是这样造成的。

若是一味压抑，不能把愤懑情绪加以升华，自我评价将日趋低落，到最后依然会危及人际关系，使原先委曲求全的苦心付诸流水，得不偿失。

一般人通常在“损人利己”和“损己利人”两个极端之间摇摆。低姿态摆久了，心有不甘，就换上咄咄逼人的态势。久而久之，又觉得有罪恶感，还重拾与人为善之心。但总有一天忍无可忍，再度恢复高姿态。

为了报复，不惜牺牲本身的利益，却不问是否值得，这只有不够成熟、掌握不了人生方向的人才会如此。

又有一种人，独善其身，利己但不一定损人，“各人自扫门前雪，休管他人瓦上霜”是他们的哲学。当不涉及竞争时，这种想法相当普遍。

损人利己的人固然一时取得优势，但另一方受害，对双方长期的关系有害无益。举例来说，供应商以胁迫方式逼使客户接受条件，下次客户还会光顾吗？

换个角度来看，倘若供应商不得不屈服于客户的要求，又岂会忍气吞声，恐怕难免要另觅机会加以报复。不是“以其人之道，还治其人之身”，就是在同业间宣扬客户的恶行。到头来不论是占上风或下风的一方，都得不到好处。

听人劝，吃饱饭

日常生活中，有太多的人想要迫使别人接受自己的意见，因为他们总认为自己是对的。这种想法，使他们没有改进自己的余地，也在通往成功的路上设下了障碍。想象一下，10 个当代最有名望的画家齐聚一堂，围绕着一张圆桌团团而坐，一起对摆在圆桌当中的一个苹果进行素描，每一个人画出来的苹果都不会一样，因为每一个人看苹果角度都不相同。

“意见”也有同样的道理。信念的异同，取决于身世与环境的各种因素，人们就是靠这些因素来决定意见的。固执己见的悲剧，在于它阻止了成长、进步和充实自己。它使一些人自认为十全十美，但事实上，世界上没有人永远十全十美。固执己见者为了防卫自己的弱点，必然无法快乐而被孤立，这已是不争的结论。

你如何才能避免固执己见？只要你肯听听别人的想法，你可以做到。你的意见可能是错的，你应该有“闻过则改”的雅量。

固执己见是一种消极的癖性，心胸开阔才是应有的态度。前者会导致失败与孤立，后者则是获得成功与友谊的保证。

只要你肯向别人伸出友谊的手，只要你肯学习别人的长处，只要你了解别人和我们一样有获得成功的权利，你就不会再固执己见了。你内心的成功元素会再度活动，而内心的失败元素自然就会偃旗息鼓。

请记住19世纪美国诗人罗威尔的话：“只有蠢人和死人，永不改变他们的意见。”

严重的固执己见容易导致刚愎自用。

生命的意义，就是改变。你每天的想法都会改变，道理很简单，因为你每天都不一样，而且每天的情况也不同；生命就是这个样子。自然界也因四季的变换而依序进展。你想象一下，如果一棵树在春天时倔强地拒绝抽发新芽，如果一朵花倔强地拒绝开放，如果一棵蔬菜或一粒果实倔强地拒绝生长或成熟，世界会变成什么样子？

你是否刚愎自用？你是否拒绝身体的改变与成长？你是否抗拒创造性的生活？抗拒微笑、友谊、宽恕和四海之内皆兄弟的观念？

16世纪的法国散文家盖达尼曾说：“刚愎与冲动，就是愚蠢的明证。”

要想从有限的生命中求取更多的生活，从小就必须开始革除消极感。这种感觉，是培育顽固、刚愎、忌妒与惰性的温床；这些习性能使你丧失抵抗力，而萎缩成微小的细菌。你是一个微小的细菌，还是一个完整的人？答案在自己心中。只要你能宽恕自己、友爱自己，你就能克服刚愎自用的心理。

做个社交场上的高手

正视社交场合中的人和事，善于表现自己的优势，丢掉那张虚伪的面子，是克服社交恐惧症的妙法。

社会上有很多人总是不能大大方方地出现在社交场合，他们在众人面前或陌生人面前显得腼腆、忸怩、猥琐，缺乏自信，很不自然，他们在大多数人心目中属于“见不得世面”和“成不了大事”的那类人。心理学家把这种性格的人视为一种病态，名曰“社交恐惧症”。

社交恐惧症常始于青少年，主要表现为害怕被人审视，在被观察时或有可能受到评论的处境中产生不适当的焦虑。有的患者当目光直接对视时就会特别紧张，可有脸红、手抖、恶心或尿急的症状，患者特别回避社会情境，有时无法回避，即使处在社交场合时，患者也不能完全参与，他们避免交谈，或坐在不引人注目的地方。“社交恐惧症”常伴有自我评价低和害怕批评。在极端情况下，可引起完全的社会隔离。

诚然，从一定意义上讲，生来什么都不怕的人几乎是很少见的。每个人的情况不同，都会有自己惧怕的东西，如有人怕蛇、有人怕狗等，但是在社交中如果“见人便脸红，启齿更慌恐”，那便达到了严重的程度，成为一种病态。无疑，社交中的恐惧心理，对于正常的交往是一种“催固剂”，成为社交的心理障碍。

那么，社交中的恐惧心理是怎么来的呢？是天上掉下来的，还是人们自身所固有的？应当说，这种恐惧心理主要是社交者主、客观统一的结果。

客观方面。由于中国几千年的封建文化传统，自给自足的小农经济所产生的“农民意识”，过着“日出而作，日落而息”的田园诗般的生活，于是“各人自扫门前雪，莫管他人瓦上霜”，“鸡犬之声相闻，老死不相往来”，长期的历史积淀，在人们的心理上形成了一种惰性，在行动上失去了机会，缩小了自己的社交圈。结果，清高者有之；谨小慎微者有之；孤芳自赏、夜郎自大者有之。如此一来，越不交往，越没有交往“现实验证”，就越怕交往，长此以往，形成了一种“越怕……就越不敢……”的格局。很多人就是在这种失去常态的思想、观念和心理支配下，害怕这害怕那，平白无故地自寻烦恼！社会心理学研究表明，社会环境愈是文明、开放，那里患“社交恐惧症”的人就愈少。

那么，应怎样克服社交中的恐惧心理呢？

首先，正视具体的恐惧对象及其威胁，“社交恐惧症”许多是意外的、强烈的刺激所留下的心理后遗症，亦即人们常说的“一朝被蛇咬，十年怕井绳”，其实困于这种心理完全是作茧自缚。你应该知道，在正常的社交活动中，人们是不会嘲笑、讥讽、冷落你的。过去你碰到过这种厄运，甚至有可能将来还会遇到，嘲笑那是没有涵养的人的无知、浅薄的行为，你不应如此在意，更没有必要用它折磨自己，你应主动地和他人接触，当然首先是自己最信赖的朋友，在其陪伴和鼓励下，一步一步地向陌生人、陌生的环境迈进。

其次，要善于表现自己的优势。如果你想克服怕生的毛病，那你得正确认识自己。有自卑感的朋友，应该记住：你并不是个一无是处的人，你也有自己的优势。你应扬长避短，在你能表现的方面、场合多露面。这样的经历多了，你在别人的青睐的眼光中会找到自己的价值，增强你的自信心，也就会逐渐在生人面前表现得自如起来。

第三，丢掉那张虚伪的面子。山外有山，天外有天，在交往中我们肯定会遇到比自己强的人，这是常事，是“上帝的旨意”，没什么可自卑的。如果你正确地对待强者，你会从中学到许多优点。只有交往，才能使大家相互取长补短，逐步完善自己。

以包容之心与人相处

人在社交场上总会遇到各种各样怪脾气的人，如何摸透别人的秉性，采取恰当的方式与其相交相处，是一门高深的学问。

下面列举9种不同习性的人，分别向你介绍相应的交际技巧：

1. 死板的人

这样的人往往是我行我素，对人冷若冰霜，尽管你客客气气地与他寒暄、打招呼，他也总是爱理不理，不会做出你所期待的反应。其实，尽管死板的人一般说来兴趣和爱好比较少，也不太爱和别人沟通，但是，他们还是有自己追求和关心的事，不过别人不太了解而已，所以，在与这类人打交道时，不仅不能冷淡，反而应该花些功夫仔细观察，注意他的一举一动，从他的言行中，寻找出他真正关心的事来。一旦你触及他所热心的话题，他很可能马上会一扫往常那种死板的表情，而表现出相当大的热情。

2. 傲慢无礼的人

有些人往往自视甚高，目中无人，表现出一副“唯我独尊”的样子。与这种举止无礼、态度傲慢的人打交道，实在是一件令人难受的事情。可是，如果我们不得不与这种人接触，又该怎么应付呢?

最合适的方法有三种：

第一，尽可能地减少与其交往的时间。在能够充分表达自己的意见和态度，或某些要求的情况下，尽量减少他能够表现自己傲慢无礼的机会，他往往也会由于缺乏这样的机会而不得不认真思考你所提出的问题。

第二，语言简洁明了。尽可能用最少的话清楚地表达你的要求与问题，让对方感到你是一个很干脆的人，是一个很少有讨价还价余地的人，因而约束自己的架子。

第三，你还可以邀请这种人去跳舞、聊聊家常、上卡拉OK厅唱歌等等。而当对方一旦在你面前表现出其生活的原色之后，在以后的交往中，他往往不再会对你傲慢无礼。

3. 沉默不语的人

和“闷葫芦”在一起，人们总会感到沉闷和压力，特别是一些性格比较外向、活跃的人，更是觉得难受。在这种情况下，有些人为了活跃气氛，便故意找些话题来说，其实这是没有必要的，因为，对于沉默寡言的人来说，他们之所以这样可能是出于某种心事而不愿多言。在这种情况下，你应该尊重对方，不要去破坏对方的心境，让其保持一种内心选择的生存方式。相反，你如果故意地没话找话，并拼命地想方设法与对方交谈，只能引起对方的反感和厌恶。

4. 自私自利的人

自私自利的人尽管心目中只有自己，特别注重个人的得失和利益，但是，他们也往往会因利而忘我地工作。我们对他们不必有太高的期望，也没有必要希望他们能够像朋友那样以情为重。与这类人的交往可以仅仅是一种交换关系，干多少活，给多少钱，干得好坏不同，钱也不一样。

5. 争胜逞强的人

这种人狂妄自大，自我炫耀，自我表现的欲望非常强烈，总是力求证明自己比别人强，比别人正确，当遇到竞争对手时，总是想方设法地挤对人，不择手段地打击人，力求在各方面占上风。人们对这种人，虽然内心深处瞧不起，但是为了顾全大局，为了不伤交往中的和气，往往事事处处迁就他，让着他。殊不知，有些争胜逞强的人并不理解别人的谦让，还以为自己真是了不起，由此而变本加厉地瞧不起别人，不尊重别人。对这样的人，则不能一味地迁就，而有必要在适当的时候，以适当的方式打击一下他的傲气，使他知道天外有天，山外有山。

6. “狂妄”的人

他们实际上并没有多少学问，往往是自我吹嘘，夸夸其谈，他们所表现的高傲、不屑一顾等神态实际上是一种心灵空虚的补充剂，以维持其虚荣心。与这些人相处的方式实际上很简单：乍看起来他们似乎视野开阔，天南地北，无所不谈，好一副居高临下的样子，但只要就某一问题深入地与之探讨，他便会露出马脚。一旦露了马脚，他的威风也就自然扫地。另外，与这类人初次相处，可以用你的个人魅力将之“震”住，如果做到了这一点，往后的交往便迎刃而解了。

7. 搬弄是非的人

不要以为把是非告诉你的人便是你的朋友，他们很可能是希望从中得到更多的谈话材料，从你的反应中再编造故事，所以，聪明的人不会与这种人推心置腹。令他远离你的办法，是对任何有关你的传闻反应冷淡，无须作答。

如对方总是不厌其烦地把不利于你的是非辗转相告，以致对你的情绪造成很大的负面影响，你应拒绝和他见面或不接他的电话，此类人不宜过多交往。

8. 性情急躁的人

遇上性情急躁的人冒犯你，可要严肃对待，一定要保持头脑冷静，可以暂时置之不理，有时瞪他一眼就够了，有时一笑置之则可，这一笑，在大多数场合，可以使你摆脱尴尬的局面，避免与其发生争吵。

9. 城府深的人

他可能是一位工于心计的人，这种人为了在与别人打交道时获得主动，或者出于某种目的不愿让别人了解自己，而把自己保护起来。这种人总希望更多地了解对方，从而在各种矛盾关系中周旋，使自己处于不败之地。他也可能是一位曾经有过挫折和打击，并受到伤害的人，过去的经历使他对社会、对别人有一种十分强烈的敌视态度，从而对自己采取更多的保护措施。还有一种情况，他可能对某些事情缺乏了解，拿不出有价值的意见，为了掩饰自己的无知，以一种未置可否的方式，含糊其辞的语气与人交往，并装出一种城府很深的样子。

显然，对第一种人，你应该有所防范，不要为之所利用，不要让他完全得知你的情况。对第二种人，则应该坦诚相见，以诚感人。对他不应有什么防范，可以无保留地对他敞开你的心扉。对第三种人则不要有什么太高的期望，也不必要求他提供某种看法或判断。

要怀着激情工作

当一个运动健儿将打遍天下无敌手时，身心各方面所感到的压力就会愈来愈低。在工商界里，这种“职业倦怠症”是极其普遍的，也可以借着管理模式的调整来将损害降到最低，但就算上头没有任何行动，你依旧可以自我救济，避免自己成为“低气压”下的受害者。你会发现这一点都不难。

许多人明明知道同一件工作做到最后会不耐烦，会打瞌睡，会频频出错，却硬是咬牙苦撑。何苦呢？为什么没想到换换口味？你在时间的安排上可否多保留一点弹性？

当然，有些事是身不由己，比如大老板们不是你随时去就见得到的，有些电话必须在特定时间才能打，即使要排定一项会议也得先通知所有相关人士，不是你方便就好。就算这样，你的时间也不至于完全受制于人，可以试着在同一天排进若干性质不同的工作。这意味着与其周一固定全天跑客户，周二则一整天待在办公室写报告，还不如改成周一上午跑客户，下午写报告。

你或许会马上联想到一点："这种安排时间的方式，似乎不太有效率吧？"这是事实，但倘若今天你在工作上已出现倦怠症，还奢谈什么工作效率？

当你在外面跑了一上午，挥汗如雨地踏入办公室时，就会立刻感受到"久旱逢甘霖"般的喜悦。"哇塞，好凉快喔！"若是在里面待一整天，你体会得出这种差别吗？

同样道理，当你胆战心惊地从客户那边回来后，就会觉得还是窝在办公室里动动笔比较轻松；若是从早写到晚，你还嫌烦呢！想通了没？这没什么，所有的事情都得比较过后才能看出它的价值。想想看，一件再好的工作让你干上十年、八年，你还会觉得很有趣吗？这就好比要失去自由后，才会体会到自由的可贵。说穿了一句话："身在福中不知福。"所以要调整工作时刻表，突破在工作上早已建立起的一套固定的处理模式。

在看完这些后，相信你已了解到要驱除身上的坏细胞一点都不难，其中的奥秘就在于想办法突破一成不变的生活与工作方式，这样你就能怀着激情去工作了。

快乐永远不会枯竭

快乐是什么？快乐是血、泪、汗浸泡的人生土壤里怒放的生命之花，正如惠特曼所说："只有受过寒冷的人才感觉得到阳光的温暖，也唯有在人生战场上受过挫败、痛苦的人才知道生命的珍贵，才可以感受到生活之中的真正快乐。"

托尔斯泰在他的散文名篇《我的忏悔》中讲了这样一个故事：

一个男人被一只老虎追赶而掉下悬崖，值得庆幸的是在跌落过程中他抓住了一棵生长在悬崖边的小灌木。此时，他发现，头顶上那只老虎正虎视眈眈，低头一看，悬崖底下还有一只老虎，更糟的是，两只老鼠正忙着啃咬悬着他生命的小灌木的根须。绝望中，他突然发现附近生长着一簇野草莓，伸手可及，他拽下草莓，塞进嘴里，自语道："多甜啊！"

生命进程中，当痛苦、绝望、不幸和危难向你逼近的时候，你是否还能顾及享受一下野草莓的滋味？"尘世永远是苦海，天堂才有永恒的快乐"是禁欲主义编撰的用以蛊惑人心的谎言，而苦中求乐才是快乐的真谛。

二战期间，一位名叫伊莉莎白·康黎的女士在庆祝盟军在北非获胜的那一天收到了一份电报，她的侄儿、她最爱的一个人死在战场上了。她无法接受这个事实，她决定放弃工作，远离家乡，把自己永远藏在孤独和眼泪之中。

正当她清理东西，准备辞职的时候，忽然发现了一封早年的信，那是她侄儿在她母亲去世时写给她的。信上这样写道："我知道你会撑过去。我永远不会忘记你曾教导我的：不论在哪里，都要勇敢地面对生活。我永远记着你的微笑，像男子汉那样，能够承受一切的微笑。"她把这封信读了一遍又一遍，似乎他就在她身边，一双炽热的眼睛望着她：你为什么不照你教导我的去做?

康黎打消了辞职的念头，一再对自己说：我应该把悲痛藏在微笑下面，继续生活，因为事情已经是这样了，我没有能力改变它，但我有能力继续生活下去。

人生是一张单程车票，一去无返。在荷兰首都阿姆斯特丹一座世纪的教堂废墟上留着一行字：事情是这样的，就不会那样。藏在痛苦泥潭里不能自拔，只会与快乐无缘。告别痛苦的手得由你自己来挥动，享受今天盛开的玫瑰的捷径只有一条：坚决与过去分手。

"祸福相依"最能说明痛苦与快乐的辩证关系，贝多芬"用泪水播种欢乐"的人生体验生动形象地道出了痛苦的正面作用，传奇人物艾柯卡的经历更传神地阐明了快乐与痛苦的内在联系。

艾柯卡靠自己的奋斗终于当上了福特公司的总经理。1978 年 7 月 13 日，有点得意忘形的艾柯卡被妒火中烧的大老板亨利·福特开除了。在福特工作已 32 年，当了 8 年总经理，一帆风顺的艾柯卡突然间失业了。艾柯卡痛不欲生，他开始喝酒，对自己失去了信心，认为自己要彻底崩溃了。

就在这时，艾柯卡接受了一个新挑战——应聘到濒临破产的克莱斯勒汽车公司出任总经理。凭着他的智慧、胆识和魅力，艾柯卡大刀阔斧地对克莱斯勒进行了整顿、改革，并向政府求援，舌战国会议员，取得了巨额贷款，重振企业雄风。在艾柯卡的领导下，克莱斯勒公司在最黑暗的日子里推出了 K 型车的计划，此计划的成功令克莱斯勒起死回生，成为仅次于通用汽车公司、福特汽车公司的第三大汽车公司。1983 年 7 月 13 日，艾柯卡把生平仅有的面额高达 8.13 亿美元的支票交到银行代表手里，至此，克莱斯勒还清了所有债务，而恰恰是 5 年前的这一天，亨利·福特开除了他。事后，艾柯卡深有感触地说："奋力向前，哪怕时运不济；永不绝望，哪怕天崩地裂。"

"痛苦像一把犁，它一面犁破了你的心，一面掘起生命的新起源。"（罗曼·罗兰语）古人讲"不知生，焉知死？"不知苦痛，怎能体会到快乐？痛苦就像一枚青青的橄榄，品尝后才知其甘甜，这品尝需要勇气！其实，要让自己快乐非常简单，那就是少一份绝望，多一份自信，在身处绝境时，懂得苦中求乐，才是人生的真谛。

笑对逆境和挫折

一个能够在一切事情与他相背时微笑的人，表明他是胜利的候选者，因为这是普通人不能够做到的。

1. 学会在逆境中微笑

当生命像流行歌曲般地流行，那不难使人们觉得欢欣。但真有价值的人，却是那能在逆境中依然微笑的人。

让我们记住这首诗吧！一个能够在一切事情十分不顺利时微笑的人，要比一个面临艰难困苦勇气就要崩溃的人要多占许多胜利的先机。

有许多人往往在他们能力范围以内也不能实现目的，取得成功，就因为他们是那些败坏事业的感情的俘虏。

忧郁、阴沉、颓废的人，在社会上不受人重视。没有人愿意同他在一起，每个人见了他，都只是看看他，然后很快就离开了他。

我们不喜欢那些忧郁、阴沉的人，正像我们不喜欢不调和的印象画一样。我们会本能地趋向于那些和蔼可亲、趣味盎然的人。我们要使人家喜欢我们，首先要使自己变得和蔼可亲和乐于助人。

人不应该把自己降为感情的奴隶，不应把全盘的生命计划和重要的生命问题，都去同感情商量。无论你周围的事情是怎样的不顺利，你都应笑对逆境，努力去支配你的环境，把你自己从不幸中振作起来。你应背向黑暗，面对光明，阴影自会留在你的后面！

不少人都是自作孽，因为他们时时以颓丧的心情，不好的情感来破坏、阻碍自己的生命游戏。一切事情的成功，全靠我们自己的勇气、信心和乐观的态度。然而一般人却不明白这一点，当事情不顺利时，当他们遇到不幸的日子或痛苦的经历时，他们往往会听任颓废、怀疑、恐惧、失望等思想主宰自己，破坏多年经营的事业计划于刹那之间！这真像向上爬的井蛙，辛辛苦苦地向上爬，但是一失足就前功尽弃了。

一切学问中的学问，就是怎样去肃清我们心中的敌人——平安、快乐和成功的敌人。时时学习着去集中我们的心志于美而不于丑，于真而不于伪，于和谐而不于混乱，于生而不于死，于健康而不于疾患——这是人生中必修的一门功课。这不是容易的一件事，但总是可能的，只要你能形成一些正确的思想方法就够了。

假如你能够绝对拒绝那些夺去你快乐的情感魔鬼；假如你能敞开自己的心扉，不让黑暗闯入；假如你能明白，这些心魔的存在，只是你自己为它们提供了方便，那么它们就不会再光顾你了。努力养成一种愉快的修养！假如你本来没有这种修养，只要你能努力，不久就会具有这种修养的。

有一个神经科专家告诉我们，他发明了一个治疗忧郁病的新方法。他劝告他的病人，在任何环境下都要笑，强迫自己，无论心中喜欢不喜欢，都要笑。“笑吧！”他对病人说，“连续着笑吧！不要停止你们的笑！最低限度，试着把你们的嘴角上翘。这样不停地笑时，看你感觉怎样。”他就是用这种方法治愈他的病人的。

把忧郁在数分钟之内驱逐出心境，这对一个精神良好的人是完全可能的。但多数人的缺点就在不肯展开心扉，让愉快、希望、乐观的阳光走进，相反却紧闭心扉，想以内在的能力驱除黑暗。他们不知道一缕阳光的射入会立刻消除黑暗，驱出那些只能在黑暗中生存的心魔！

在你感觉到忧郁、失望时，当你努力改变环境时，无论遭遇怎样，不要反复去想你的不幸，不要多想目前使你痛苦的事情，要想那些最愉快最欣喜的事情，要以最宽厚亲切的心情对待他人，要说那些最和蔼最有趣的话，要以最大的努力来放出快乐，要喜欢你周围的人！这样，你很快就会经历到一个神奇的精神变化，遮蔽你心田的黑影将会逃走，而快乐的阳光将照耀你的全部生命！

应该养成一个不容许任何可能引起不快的想法或暗示侵入你心中的习惯。因为那些想法与暗示，会给你带来不良的影响。

试着走进最有趣的社交圈中，寻求一些可以使你发笑、使你高兴的、无邪的娱乐。这是一种精神的更新，这种精神的更新，有时能在同孩子玩耍时找到，有时能在戏院中找到，有时能在有趣的对话中找到，有时能在一本有趣或激励的书本中找到，有时能在睡眠中找到。

总之，寻求改善我们精神状态的最适当的种种方法会使你发现，忧闷的毒害可以被抵消，颓废的空气可以被驱散。这种神奇简直可以使你惊异，而你也会感觉到像变成了一个新人一样。

2. 学会在逆境中崛起

乐观是一种在逆境中崛起的动力。有人曾问一位著名的艺术家，师从他习画的那个青年爱徒将来会不会成为一个大画家？他回答说：“不，永远不！他每年都有不菲的进款。”这位艺术家知道，人的才艺只能从艰苦奋斗中锻炼出来，而在优越的环境中，这种才能很难被激发。

翻开历史就可以知道，大多数成功的人，早年往往是贫苦的孩子。

“不幸而生为富家之子的人，他们的不幸，是因为他们从开始就背负着包袱而赛跑的。”卡耐基说，“大多数的富家之子，总是不能抵抗财富所加于他们的试探，因而陷入不幸的生命中。这些人不是那些穷苦的孩子的对手。对于这些小老板，你们‘穷苦的孩子’无须害怕。但你们应当注意那些比你们还苦得多，甚至他们的父母不能给予他们以任何学校教育的孩子，一旦他们在事业上挑战你们，就有可能最终超越你们。应该注意到那些走出小学就得投身工作，而所做的又只是拖擦地板之类的工作的孩子，一鸣惊人而得到最后胜利的，往往都是这类人。”

为了脱离贫困的境地而奋斗，这种努力，最能造就人才。假使世人都是一生之中不为需要而强迫着去做工，人类文明恐怕直到现在仍处在很幼稚的阶段。

成功的人，大多是从困乏与需要的学校中训练出来的。大商人、大学校长、教授、发明家、科学家、实业家、政治家，大多是为需要之鞭棍所驱策而向前，为想要改善自己的地位的愿望而导引向上。

能力是抗拒困难的结果，伟人都是从同困难的角斗中产生出来的。不愿同艰难挫折拼搏而要想锻炼出能耐来，是不可能的。

一个感觉到自我生活良好的幸运青年，将会对他自己这样说：“我拥有的金钱已够我这一世受用的了，我又何必要清早起来勤劳工作呢？”于是一个翻身他又呼呼地睡着了。而就在这个时候，另一个青年，一个除了他自己，在茫茫的世界中无可依赖的青年，会因需要的驱策而被迫离开床铺，从事劳动。他明白，除了奋斗以外，他别无出路，他不能依赖任何人，没有人能帮助他。他知道这是他的生死存亡的问题。

因此，一个生长于奢侈环境中的青年，时常依附于他人而无须用自己的努力挣饭吃的青年，自小被溺爱娇惯的青年，是罕见具有大本领的。富家子弟与他人相比，往往会像林中的一棵弱树苗同一棵每一寸树干的长大都要饱受暴风骤雨吹打的高大的松树相比一样。

但是，贫困绝不是成功的必要条件，贫困的起点虽是好的，但也是仅此而已，此外贫困便无意思。这正如健身房中的运动器械一样，它可以锻炼人，但它只是在这种意义上是好的，因为贫困本身就是一种欠缺，一个人能从贫困中挣脱出来，这是一件好事，这种贫困才是可以锻炼与造就伟人的。

别人的面子自己的路

每个人都爱面子，一些人甚至把面子看得比生命还要重要，一旦伤了人家的面子，可能就会给自己留下无穷后患，因此任何时候都要注意保全别人的面子。

经过几个世纪的敌对之后，1922年，土耳其决心把希腊人逐出自己的领土。穆斯塔法·凯墨尔对他的士兵发表了一篇拿破仑式的演说，他说："不停地进攻，你们的目的地是地中海。"于是，近代史上最惨烈的一场战争展开了，土耳其最终获胜。

当希腊的迪利科皮斯和迪欧尼斯两位将军前往凯墨尔的总部投降时，土耳其士兵对他们大声辱骂。但凯墨尔却丝毫没有显示出胜利的傲气。他握住他们的手，说："请坐，两位先生，你们一定走累了。两位先生，战争中有许多偶然情况，有时最优秀的军人也会打败仗。"

凯墨尔即使在全面胜利的兴奋中，为了长远利益，仍然牢记着这条重要的信条——让别人保住面子。

古训有云："己所不欲，勿施于人。"可我们往往忽略了这一点。我们常常无情地剥掉别人的面子，伤害别人的自尊心，抹杀别人的感情，却又自以为是。我们在他人面前呵斥别人——下属或者孩子，找差错，挑毛病，甚至进行粗暴的威胁，却很少设身处地地为他们着想，考虑别人的自尊心。

罗宾森教授曾说过一段富有启示性的话："人，有时会很自然地改变自己的想法，但是如果有人说他错了，他就会恼火，更加固执己见。人，有时会毫无根据地形成自己的想法，那反而会使他全心全意地去维护自己的想法，不是那想法本身多么珍贵，而是他的自尊心受到了威胁……"

人人都有自尊心，不但大人物有，小人物也一样，甚至更强烈。当一无所有时，自尊心便是需要固守的最后领地。没有人愿意别人漠视自己作为一个人的存在。有时，人们为了维护自尊，甚至会坚持错误，不可理喻。

有一次，张女士花不低的价钱买了一件衬衫，回家试穿一下，感觉很不舒服，大概是布料的原因。没过几天，一位朋友来看她，看见了她的衣服，大呼："你上当了，这种料子穿到身上发板、发硬，特别不舒服，而且还容易褪色，送给我都不愿穿，你还花那么高的价钱买它。"

张女士吃亏了吗？是的。可是，她的话虽然在理，张女士听起来却特别刺耳，似乎在贬低张女士的智力。张女士莫名其妙地开始为自己的面子辩护了："虽然有点硬，不过穿到身上挺有形的，我还是比较满意……"

第二天，另一位朋友也来拜访张女士。她称赞张女士身上的衬衫很漂亮，还问张女士在哪里买的，说也要买一件。这时，张女士反应就完全不一样了："说实话，这衣服挺贵的，而且穿在身上不舒服，有点板，有点硬，而且还褪色，我正后悔不该买它呢。"这时，张女士甚至为自己的坦白直率而自豪起来。

可见，如果对方处理得巧妙而且和善可亲，我们也会承认自己的错误。但是，如果把难以下咽的事实硬塞进我们的食道里，结果就适得其反了。

保全别人的面子，是我们通向成功的一条宽广之路。面对别人的过失或窘境，一个蔑视的眼神、一种不满的腔调、一个不耐烦的手势，都可能带来难堪的后果。如果我们当面驳斥一个人，他会同意我们的观点吗？绝对不会！因为我们否定了他的智慧和判断力，打击了他的自尊心，同时还伤害了他的感情，他非但不会同意我们的观点，还要进行反击。如果我们认识不到这一点，常常以一种"坚持真理"的姿态去焚烧别人的自尊心，就会使我们的生活处处碰壁，人生的旅途就很容易拐进死胡同。在人际交往中，平等对待别人、尊重别人，才是"真理"。除此之外，只有冲突和矛盾，没有真理。

本杰明·富兰克林在自传中写道："我立下一条规矩，决不正面反对别人的意见，也不让自己武断，我甚至不准自己在文字上或语言上持过分肯定的意见。我决不用'当然'、'无疑'这类词，而是用'我想'、'我假设'、'我想象'。当有人向我陈述一件我所不以为然的事情时，我决不立刻驳斥他，或立即指出他的错误，我会在回答的时候，表示在某些情况下他的意见没有错，但目前看来好像稍有不同。我很快就看见了收获。凡是我参与的谈话，气氛变得融洽多了。我以谦虚的态度表达自己的意见，不但容易被人接受，冲突也减少了。我最初这么做时，确实感到困难，但久而久之就养成了习惯，使我提出的新法案能够得到同胞的重视。尽管我不善于辞令，更谈不上雄辩，遣词用字也很迟钝，有时还会说错话，但一般来说，我的意见还是得到了广泛的支持。"

"打人不打脸，说人不说短"，如果你能记着给人留面子，那你脚下的路一定会更好走，你的人缘也会越来越好。

为人处事两手准备

交际策略一般都是软的，比如"遇事好商量"、"遇事让人三分"等等，这都是社交中人们常用的态度和方法。但不是所有的时候软的手段都灵验，有的人就是欺软怕硬，敬酒不吃吃罚酒，好话听不进，恶话倒可让他清醒。这样，强硬的态度与手段就成为必要。

到江州渔船上抢鱼的李逵，全无道理，好话听不进，硬是碰到“浪里白条”张顺，把他诱进水里，用水上的硬功夫，把一个铁汉子黑旋风淹得死去活来，他才不敢冒失了，也才真正领教了逞强的苦头。“浪里白条”张顺，也是软的办法用尽了才来硬的，并且用计把李逵引到水上，让他英雄无用武之地，这样，张顺才可以发挥自己的硬功夫。

就客观情况而言，在人们的交际活动中，软硬两手是相辅相成、密不可分的。如果有所偏，自己便要吃亏。也就是一个人如果太软，则易给人弱者的印象，觉得你好欺负，于是经常受到别人行为、言语、态度的戏弄与不恭。这种现象是普遍的，因为不可能指望人们修养都那么好，公正无欺地待人，而恰恰相反的是，更多的人总多少有点欺软怕硬的毛病。因此交际中不可一味的软弱。

当然，与人交际，也不可太强，一味不转弯的强硬也是不可取的。一个人太强硬，必然使人觉得他头上长角、浑身长刺，你太狠我不惹你，惹你不起还躲不起！这是一般时候的态度。到节骨眼上，别人忍无可忍，墙倒众人推，如张顺和众多渔夫对付李逵，李逵的噩运就难逃了。那时的李逵在水里淹得死去活来，要不是宋江来得及时，再拖延几口气的工夫，只怕李逵就要被张顺丢到江中喂鱼了。

所以，为了生活平安、办事顺利，初入社会的人，或者过分软弱、过分单纯的人，务必要了解软硬两手的效用，心理上有点软硬两手交替使用的谋略与随机应变的能力。

淡如到新单位才一个多月，她却觉得特别累、特别烦，让她产生这种感觉的就是公司里的财务主管卢姐。卢姐是老总的小姨子，在公司里特有地位，也不知淡如哪儿得罪她了，反正她对淡如一直就看不顺眼，看到淡如就鼻子不是鼻子、脸不是脸的，还常在背后说淡如的坏话。对于这些事淡如都忍了下来，她觉得自己是个新员工，得罪不起人家，其实她也曾想过要改善自己同卢姐的关系，可每次自己的善意都打了水漂——人家根本就不理睬，淡如也就不想再讨没趣了。

这天财务室通知淡如去领出差报销费用，淡如接过钱一看，只有六百四，还少了四百多块钱，就拿着钱去找卢姐。卢姐冷着脸说：“发票上就这些，你还想要多少？”说完把淡如的出差发票摔了过来。淡如一查发现少了一张住宿发票，可卢姐却狡猾地说：“你给我的就这些，谁知道你把发票弄到哪儿去了！”淡如明白了，这一定是卢姐搞的鬼，她忍住一口气，平静地说：“发票交上去的时候，我是编了号的，我用铅笔在发票背面标好了，当时同事小王、小赵都在场，但现在发票却少了第四张，我要去找老总，如果老总也说责任在我，那我就认倒霉。”卢姐这一下傻了眼，嘴唇哆嗦着却不知要说什么，淡如趁机又说：“卢姐，其实我也不想把小事弄大了，闹到老总那儿对谁都不好，我想会不会是会计把发票弄丢了，事儿这么多，您也不可能都照顾到，要不您再找找。”卢姐连忙点头。下午的时候，卢姐亲自把钱送给淡如，而且以后再也没找过淡如的麻烦。

淡如实在是个很聪明的女孩子，虽然是初入社会，但却完全掌握了软硬兼施的谋略，结果大获成功。如果当时她和卢姐大吵一架的话，估计也能把钱要回来，甚至让卢姐挨批，但她以后的日子一定会更不好过。当然她也可以把这口气忍下去，不过以后她就会遇到更多这样的事，谁让她是“软柿子”呢！社会复杂，什么样的人都有，每个人都可能遇到淡如这样的事，这时候你就要学习学习淡如的策略，把罚酒、敬酒一起端上桌，让对方自己选择，这样一来恐怕没有什么事是解决不了的。

曲径通幽的妙处

人际交往中，你常会碰到各种“刺儿”，这个时候就该想办法兜个圈子、绕个弯子，避开那条“刺儿”，这是社交的基本策略和手段。

有位编辑向著名学者钱钟书组稿，便是绕着圈子，成功地“吃到了鱼”，还连说“根本没什么刺儿”。以下便是他的巧谋妙计。

传播媒介把学界泰斗钱钟书先生的脾性渲染得那么乖僻。数年前，有一位编辑参与编撰地方名人词典。同仁说，钱老的材料不易到手，写信发公函都杳如黄鹤，主编也为此大伤脑筋。这位编辑想碰碰运气，鉴于前车之覆，他对此事不加张扬。

他之所以决定试试，第一，因为他对钱老的著作及学术成就有所了解。自1961年其力作《通感》问世以来，先生之名即铭刻脑际，追慕迄今。第二，钱老的叔父钱孙卿先生是这位编辑所在学校的前任老校长。凭此两条，他建立起信心。自度籍籍无名，故投石问路，先迂而回之。

钱老伉俪情趣高雅，每常调侃，幽默诙谐，相与为乐。杨绛女士呼夫君钱老为“黑犬才子”。此系钱老之字“默存”分拆而成的离合体字谜。于是他冒昧为他们姓名编了两条灯谜。“文化著作”影射“钱钟书”；“柳絮飞来片片红”影射“杨绛”。信中先呈上拙作，然后陈述其叔父举学之业绩。很快收到回信，喜不自胜。内附联贺卡，蓝底金字，庄重雅致。特别是钱老签名的明信片，三字合写，神旺气足，独具风采。看来钱老并不像传言所述那么古怪。

既得陇，又望蜀。于是发函委述父老乡亲对他们的眷恋之情，标举其母校因“首编”未见钱老条目而有怨言，愤而拒购《辞典》；再述地方史籍龙套频频出场，主角不亮相，戏唱不成之态势等等。希望他们惠赐一手资料。不久又得复函：“来函敬悉。我们对国内外名人传记请求供给材料，一概敬谢，偶有关于我们的条目，都出于他们自编。未便为你破例。”好事多磨，果然吃了闭门羹。

设身处地想想，若来者不拒，频繁应酬，对其将是灾难。老人自有他们处世原则，故乡情虽深，也未可贸然破“法”。初看山重水复疑无路，细思既然全般供给材料不成，何妨另辟蹊径，“自编”草稿，呈其复核，不是同样可以完成组稿任务吗？于是柳暗花明又一村，将有关钱老的传记材料草成小传，另附若干疑题，一并发函请教。在忐忑不安中接读复函：“遵命将来稿删一下，奉还。”对小传中的名号大都删除，批曰：“不合体例。”又订正了兰田（蓝田）之讹误。这真是意外之喜，同仁无不额手相庆。对钱老先生抱“不怒而威”之成见，然“即之也温”，年过有期，犹不失赤子之心，何乖僻之有！

可见，与人交往、求人办事最好能绕个弯子，直来直去就会遭人拒绝。试想一下，如果那位编辑直接向钱老索要材料的话，结果会怎么样呢？恐怕也会如其他人一样“杳如黄鹤”了。但这位编辑聪明地绕了个大弯子，先是写信联系感情，加深钱老对自己的印象，接着再提出请求，终于获得了成功。

还有一位编辑，也利用这种方法达到了成功邀稿的目的。某编辑准备向一名作家邀稿。那位作家一向以难于对付著称，所以这位编辑在去他家之前，感到既紧张又胆怯。

开始并不成功，因为不论作家说什么话，这位编辑都说“是，是”或者“可能是这样的”，无法开口说明要求他写稿的事。他只好准备改天再来向他说明这件事，今天随便聊聊天就结束这次拜访。

突然间他脑中闪过一本杂志刊载有关这位作家近况的文章，于是就对作家说：“先生，听说你有篇作品被译成英文在美国出版了，是吗？”作家猛然倾身过来说道：“是的。”“先生，你那种独特的文本，用英语不知道能不能完全表达出来？”“我也正担心这点。”他们滔滔不绝地说着，气氛也逐渐变得轻松，最后作家竟答应为编辑写稿子。

这位不轻易应允的作家，为什么会为了编辑一席话，而改变了原来的态度呢？因为他认为这位编辑并不只是来要求他写稿，而且又读过他的文章，对他的事情十分了解，所以不能随便地应付。让对方以为自己对他的事非常清楚，就能像前一位编辑一样，在心理上占优势。

医好“烦累的人生”

在现实生活中，经常听到一些人发出这样的抱怨和叹息：“唉，活得真累。”说这话的人当中除了少数确实是因生活劳累而感到身体疲乏以外，绝大多数是心理上“活得累”的缘故。

他们或是因儿女和家庭的琐事而操心过多，或是因受到上级错误的批评或同事的误解而感到工作不顺心，或是因心胸褊狭、妒忌他人而自寻烦恼。

如今，社会生活的快节奏，也会使得许多人感到不适应，心理负担过重，产生“活得累”的感觉。

从现代心理学的观点来看，有“活得累”想法的人，大多数得的是“心病”，也就是他们的心理失去平衡或发生了障碍。

有句俗话说：“心病还须心药治。”那些喊“活得累”的人，应该认真分析一下自己究竟累在什么地方，并切切实实地对症下药。这样，才能使自己从“活得累”中解脱出来，从而使自己生活得充实、快乐。给“活得累”开的药方是四个字，即“修身养性”。

具体来说，就是面对困难和挫折鼓起勇气，树立信心；要努力寻找自己在生活中的恰当位置，脚踏实地为社会、为他人干点事，以充实自己；遇事要拿得起，放得下，没有必要为一些个人和家庭小事斤斤计较。

至于由于对目前竞争的社会环境及生活的快节奏不适应，由此感到“活得累”的人，就应当在锻炼身心、磨炼意志上多下工夫，以增强社会心理的适应能力。

另外，当你在生活中遇到特别不顺心的事情，甚至遭到重大的挫折或打击时，不妨找好朋友谈谈心，把自己的苦恼、忧伤发泄出来。心理学研究发现，人的心理机能有自我调节修复的功能。

一个人如果能把内心的烦恼或痛苦诉说出来，即使别人实际帮不了什么忙，也能使他的烦恼或痛苦在一定程度上得到缓解。有些人不愿意向别人诉苦，宁愿“打落门牙往肚里吞”，强忍“活得累”的苦恼，这只会使事情变得更糟。

心理学研究还发现，哭也是人类常用来排泄悲伤和苦恼的自然方法。在悲伤时人们常常会哭，妇女和儿童更是如此。哭不是什么坏事情，哭有时也有助于缓解由悲伤、苦恼等情绪状态而引起的心理反应。而一些“有泪不轻弹”的男子汉，在伤痛打击下往往容易得病。

所以，从这一角度说，遇事不必硬充“好汉”，有时，倒不如让自己痛痛快快地大哭一场好些。

当然，对于那些确实是操劳过度的人，还是应当注意劳逸结合和量力而行，适当减轻自己在生活上或工作上的负担。因为只有有了健康的身体，才能精力充沛地参与社会竞争。

“修身养性”的根本目的，是要确立自信。

试想，如果说“健康”，则多少使人有点不安之感，即还会包含有“不尽如人意”的因素；如果说“有钱”，则给人以铜臭之感，亦即使人有贪欲、金钱至上之嫌。但是，如果说“最棒”，就全然没有其他负面意思，表现得极其完全和准确。

人本来应该是个“欢乐的表现体”，所以，要时时、处处保持“最棒”的良好状态。首先，从内心深处保持欢乐的最佳状况，这是至关重要的。

人生几十年，甚至一百年，说起来很长，但实际上过起来也很快。与历史长河相比，那就更是转眼即逝的短暂的一瞬。因此，要注意忘却不快，更不能自寻烦恼，自己让自己“活得累”。

掌握进退的艺术与分寸

“大饼是擀出来的，刀子是磨出来的，人是适应出来的。”在这个复杂多变、竞争激烈的时代，唯有进退有方，适应环境，适应社会的游戏规则，才能做到适者生存，适者更强大！打败对手是小赢，战胜自己才是大赢。

刚柔有度，进退有方

在人际交往中和工作生活中，心平气和、和颜悦色的谈吐，最容易博得人们的好感，值得广为提倡。俗话说："一句话能把人说笑，一句话也能把人说恼。"

一般情况下，能把人说"笑"的人，通常是属于性格柔和类的，其语言也通常是柔和甜美的。古往今来，都把"和气待人"、"和颜悦色"视为一种美德。《礼记·少礼》说："言语之美，穆穆皇皇。""穆穆"，指"敬之和"，"皇皇"，指"正之美"。《汉书·刘向传》说："和气致祥，乖气致戾"。可见，和气是人们友好交往的最佳境界。

与"柔"相反，则为"刚"。"刚"的表达方式有两个特点：一是刚毅生威。刚者临危不惧、神态刚强，能表达强烈的正义情感，产生巨大的震撼力。二是辞严雄辩。刚言出口，理直气壮，义正词严，铿锵有力，有闻之震耳，以正压邪的作用。这种特殊的表达功能是柔弱者所望尘莫及的。那些私心过重的人，看上去气势汹汹，实际上色厉内荏，欺软怕硬。对他们过分温柔，反而会助长其嚣张气焰。这时候，你要敢于碰硬，一身正气，口气硬铮铮，言辞响当当。"两刀相割，其利自见"，歪风邪气就会退避三舍。

"刚"的硬度如何，并不在"嗓门高，口气冲，措施狠"，关键在于"理"，"理"的锋芒是否打到对方的要害处。"刚"并非人人皆有，刚言也并非人人敢说。要想"刚"必须有极高的思想修养，古人说："无欲则刚"，今人说："打铁先得本身硬"，只有刚毅之士，才能讲出刚毅之言，只有一身正气，光明磊落，才能底气十足，刚硬无比。如果自身不干净，私心太重，"吃了人家的嘴短，拿了人家的手软"，得了别人的好处，自然腰软，硬不起来。

那么怎样才能有"刚"劲呢？一是遇事要沉着冷静。要养成处险不惊、临危不惧的大将风度。越是情况紧急，越要表现出强者的姿态，要有敢于斗争和战胜对手的坚强信心。神态自若本身就给对方施加了强大的心理影响，从精神上压倒对方，这就为刚言出口创造了有利条件。二是善于攻其弱点。无理取闹者本身就不得人心，要利用其色厉内荏的弱点，据理力争，有时要抓住对方语言上的漏洞发起进攻，造成自己的优势和强硬地位，把对方置于被动挨打的位置，语句要短促，语势要凌厉，发声要有力，态度要威严，有斩钉截铁、拔剑砍地之势，有五雷轰顶、撼人肺腑之感，这样才能使之震颤，进而产生"挽奔马于悬崖，拦狂涛于险岸"的刚硬效果。

一般说来，刚能胜柔。但有的时候，柔也能克刚。因为"柔"相对"刚"而言，也有其独到之处。刚强之物，形可碎而不可变，坚而不韧，强而易脆。

而柔软之物，随势变形，柔而耐长久，软而有韧性。在论辩中，有时避强守柔，看似怯弱，实为克刚之术。

那么，“刚”与“柔”二者究竟孰重孰轻呢？

分寸学认为，凡事都要针对具体情况，刚柔并用，千万不可绝对化。刚与柔，相辅相成，太刚易折，太柔易废，刚柔相济，则无往而不胜。这是事物发展的内在规律。古代君主治国安邦，必须文武并举，德刑并用，从宏观上统治人民，控制全国局势。而在现代社会处世交际中刚柔并济依然有其神奇作用，且不可偏重一方。如果你是一个行政主管或领导，要做到令出必行，指挥若定，必须保持一定的威严。道理很简单，在领导指挥业务上，没有令对方与下属感到畏惧的威慑力，是不容易尽责称职的。

当然，威严也不等于恶言相向，破口大骂，整日板着面孔训人，那么你的下属可能因畏惧你而不敢接近你，甚至于将你孤立起来。

只是在工作时对待属下令出法随，说一不二。发现了属下的差错，决不姑息，立即指出，限时纠正，不允许讨价还价，要让属下滋生敬畏之心，才会使你威风凛凛，但是，只有威严是不行的，还得富有人情味。

对于犯错误者而言，一个经常性的毛病是对自己的错误习焉不察，仿佛不识庐山真面目的山中人，常常浑浑噩噩，糊里糊涂。为此，我们同这类人对话时，可以先猛击一掌，当头棒喝，使其心灵受到震动，从而深刻反思，待对方有所触动之后，再对自己刚才言语的率直和态度的强硬加以道歉。

“先硬后软，先刚后柔”，对于犯错误较深较大者尤为有用。某高中女生受不良风气影响有了早恋倾向，和同班一个男生频繁约会，上课时也眉目传情，以致经常不完成作业。一次测验，她只做了一小半题目便扬长而去，班主任把她留下来，一开口就问她何以不做完题目，她回答：“没心思做。”班主任听后厉声呵斥：“你那心思都干什么去了？你为何如此执迷不悟？告诉你，中学生决不允许谈情说爱。再过一年，你就会明白，他上了重点大学后，就决不会跟你往来了——因为你这种人太浅薄了，太虚浮了，太没有价值了！”那女生一听，不觉泪水扑簌簌流了下来，眼里流露出愤恨的目光，但心里却受到极大震动。待她哭过后，老师才温和地说：“请你原谅，我的话可能不够礼貌，其实我只是出于无奈，是害怕你堕落到那步田地。”那女学生终于领会了老师初始严厉继而温和的言谈方式的真实用意。因此，一面接受批评，一面暗下决心洗刷掉“浅薄”的耻辱。班主任那“软硬兼施”、“刚柔并济”的谈话法也就取得了应有的效果。

这里所说的刚柔相济还有另一个含义，就是批评和表扬相结合。正像美国著名企业家玛丽·凯·阿什在《用人之道》一书中所说的那样：“决不可只批评不表扬，这是我严格遵循的一个原则。你无论批评什么事情，也必须找点值得表扬的事情留在批评前和批评后说。这叫做‘先表扬，后批评，再表扬’。”当然这种做法不是绝对的，有时可以先批评后表扬，或者先表扬后批评。总之，要有批评，也要有表扬，这样下属对领导的批评就容易接受了。比如，一天，处长对一位女打字员说：“你打的字真整齐，就像你这人一样整洁、美丽。”那位打字员听到处长的表扬非常高兴，喜形于色。处长抓住时机，接下去说：“你以后对标点要特别注意一下，怎么样？”女打字员很爽快地答应：“行，没问题。”处长用的就是刚柔相济的方法。试想，如果处长直接批评女打字员打的材料标点符号有很多错误，以后要特别注意。女打字员可能因受领导批评而几天不愉快；也可能起身为自己辩护，说自己是很小心的，标点符号的错误是原稿件上的，自己不负这个责任。这样，就达不到批评的目的。因此，在人际交往中，无论表现“刚”与“柔”，都应把握好分寸，因人而异，摸清对方心理。切记“刚”不是为了耍威风，把矛盾激化，而是为了缓和冲突，转化矛盾，解决矛盾。要注意不讲蛮话、激话、脏话，如果硬过了头，就会激化矛盾，产生危险后果。“刚”到好处为硬而不脆、威而不逼，火候一到就要给人以台阶，叫人家体面地下台，使矛盾圆满解决。而“柔”呢，虽然感化力强，但局限性大。对于那些失去良心，失去理智的人，对于“吃硬不吃软的人”是无济于事的。对这些人用“柔”的策略，无异于对牛弹琴，反而会被认为你软弱胆小，助长其嚣张气焰。因此，“柔”的运用也要看对象，分场合，不能一概而用。如此这般，方能达到刚柔互补、刚柔并济的境界。

阴阳调和，随机应变

俗话说，百人百脾气，跟什么人办什么事讲什么话，都要视其个性，见机行事。有的人吃软不吃硬，有的人吃硬不吃软。因此，只有见什么人说什么话，到什么山唱什么歌，才能收到良好效果。

过去，人们心里总存有一种误解，认为利用“曲线”的方式去办事，就是歪门邪道，或者说：“这人在耍手腕、搞阴谋。”这也难怪，因为中国的千秋仁义之师的孔子就不喜欢“阴”这个词，他把女人、小人等归为“阴”的范畴。而老子呢，却十分推崇“阴”，他在《道德经》里反复强调“以阴克阳”、“以静制动”等等。因此，分寸学认为，“阴”与“阳”本无所谓褒贬，只是该阴则阴，该阳则阳，该互补时互补，该相济时相济，只要掌握好分寸，即能成就大事。

话又说回来，为人处事，只要你的动机不恶，手段合法，在关键时刻，不失分寸地要一点“小花招”，搞一点“小名堂”，既对事业有利，又不损害他人，这有什么可非议呢?

在某些问题上，我们有必要为“阴谋”正正名——有的阴谋其实并不完全阴，阴谋完全可以阳用，从而使人们的思维角度来一个转变，破除长期以来那些“非对即错、非我即敌、非真即假”等绝对化、极端化的错误倾向，辩证地对待世界、对待他人、对待自己。而要做到这一点，关键是掌握好阴阳相济之分寸。

能屈能伸，丈夫气概

刺猬在身处顺境时拱着小脑袋，凭借着满身的硬刺，横冲直撞，当它身处险境时，则缩回脑袋，把自己团成一个刺球，让敌人无隙可击。能伸能屈，与其说是生物界的一种智慧，不如说是一种生存本能。

伸是进取的方式，屈是保全自己的手段。人生在世，都是在反复伸屈的状态中走过来的。

在生活事业处于困难、低潮或逆境、失败时，若去运用“屈”的智慧，往往会收到意想不到的效果，反之，该屈时却伸，必然遭到沉重的打击，甚至连性命都保不住，那样，还有什么资格去谈人生、谈事业、谈未来、谈理想呢?

春秋时，越王勾践夫妇曾被抓作人质，去给夫差当奴役，从一国之君到为人仆役，这是多么大的羞辱啊。但勾践忍了，屈了。是甘心为奴吗?当然不是，他是在伺机复国报仇。

到吴国之后，他们住在山洞石屋里，夫差外出时，他就亲自为之牵马。有人骂他，也不还口，始终表现得很驯服。一次，吴王夫差病了，勾践在背地里让范蠡预测一下，知道此病不久便可痊愈。于是勾践去探望夫差，并亲口尝了尝夫差的粪便，然后对夫差说：“大王的病很快就会好的。”夫差就问他为什么，勾践就顺口说道：“我曾经跟名医学过医道，只要尝一尝病人的粪便，就能知道病的轻重，刚才我尝大王的粪便味酸而稍有点苦，所以您的病很快就会好的，请大王放心!”果然，没过几天夫差的病就好了，夫差认为勾践比自己的儿子还孝敬，很受感动，就把勾践放回了越国。

勾践回国之后，依旧过着艰苦的生活。一是为了笼络大臣百姓，二是为养精蓄锐，报仇雪耻。他睡觉时连褥子都不铺，而铺的是柴草，还在房中吊了一个苦胆，每天尝一口，为的是不忘所受的苦。

吴王夫差放松了对勾践的戒心，勾践正好有时间恢复国力，厉兵秣马，终于可以一战了。两国在五湖决战，吴军大败，勾践率军灭了吴国，活捉了夫差，两年后成为霸主，正所谓“苦心人，天不负，卧薪尝胆，三千越甲可吞吴”。勾践所受之辱，所担之苦，可以说都达到极点了，但他熬了过来，不仅报了仇，雪了耻，还成了当时的霸主。

学会取舍，实际上就是学会生活。人的一生就如一条大河，不可能一直向前，直通大海，必然要根据地势、地貌，弯弯曲曲，七拐八绕。人生也是如此，一般来说，当人处于逆境的时候，或者说，在倒霉的时候，应该委曲求全，收起锋芒，这就是屈的功能，以屈求伸，等待时机，再创生命的辉煌。俄国十月革命时，苏维埃刚刚夺取政权，德国就有向东侵略的倾向。很多人主张组织军队与德国宣战，而列宁却不同意这样做，专门派人去德国进行和谈，签订了对苏维埃不利的条约。

这是一种妥协，这种行动并不表明列宁和布尔什维克革命立场不坚定，而是在强大的敌人面前，不得不这样做。否则，新生的革命政权就会很快被推翻。一个国家是如此，一个人也是如此。在形势不利于自己发展的时候，必须要采取以屈求全的策略，耐心等待时机，千万不要急躁。古人说：“小不忍，则乱大谋。”每个人都应该有自己的人生目标和理想，为了达到这些目标和理想，甘受寂寞、甘受白眼，甚至甘愿被社会、被亲人误解。

中国古代文化的经典著作《周易》提出“潜龙勿用”的思想。即在一定条件下，寻找时机，卷土重来。孔子在《易·系辞》中，则以尺蠖爬行与龙蛇冬眠作比喻，进一步解释什么叫“潜龙勿用”，他说：“尺蠖之屈，以求伸也；龙蛇之蛰，以存身也。”宋朝的朱熹则进一步发挥这一思想，认为“屈伸消长”是“万古不易之理”。他提出，在时机未到之际，要“退自循养，与时皆晦”，要学会“遵养时晦”，即隐居待时。

明代冯梦龙在其著作《智囊》中，认为人与动物一样，当其形势不利时，应当暂时退却，以屈为伸，否则，必将倾覆以至灭亡。他说：智是术的源泉；术是智的转化。如果一个人不智而言术，那他就会像傀儡一样，百变无常，只知道嬉笑，却无益于事，终究不能成就事业；反过来，如果一个人无术而言智，那他就像御人舟子，自我吹嘘运楫如风，无论什么港湾险道，他都能通行，而一旦真的遇有险滩骇浪，他便束手无策，呼天求地，如此行舟，不翻船丧命才怪呢！蠖会缩身体，鸷会伏在地上，都是术的表现。动物都有这样的智慧，以此来保全自身，难道我们人类还不如动物吗？

当然不是。人更应该学会保护自己，以期发展自己。

古时候，“李耳化胡，禹入裸国而解衣，孔尼猎蛟，散宜生行贿，仲雍断发文身，裸以为饰”。不知其中道理的人说：“圣贤之智，也有其用尽的时候。”知其缘由的人却说：“圣贤之术，从来也没贫乏的时候。”

温和但不顺从，叫做委蛇；隐藏而不显露，叫做缪数；心有诡计但不冒失，叫做权奇。不会温和，干事总会遇到阻碍，不可能顺当；不会隐蔽，便会将自己暴露无遗，四面受敌，什么事也干不成；不会用诡计，就难免碰上厄运。所以说，术，使人神灵；智，则使人理智克制。

冯梦龙的屈伸分寸之说，通俗易懂，古今结合，事理结合，具有一定的说服力。纵观历史，该有多少像勾践一样的人物，为成就自己的事业、实现自己的理想，在必要的时候，使用了屈伸之术，从而保存自己，待时机一到，便东山再起。历史同时也说明，善于使用屈伸之术，该屈则屈，该伸则伸，较好地掌握其分寸，是许多历史人物成功的重要途径。不要与别人争一日之短长，也是“屈”的技巧。

机关实行公务员制度，申某论学历，是大学本科；论才华，在机关数一数二；论年龄，正当年富力强，但是每一次提升都没有他的份，而那些比他能力差，比他水平低，比他进机关晚的人，却一个一个成了他的上司和领导。

原因何在呢？

原因就在于：申某只知道显露才华，认为自己这也比别人强，那也比别人好，处处表现出一种进取的态度，从而使一些人产生反感，认为他尽管有能力，也有才干，但是不谦虚，太骄傲，目中无人。每次考查干部，人们都有这个意见。

而那些善于委屈顺从的人，善于处理人际关系的人，却得到了大家广泛的好评。

可见，能屈能伸是一种战术，只要掌握技巧与分寸，便会无往而不胜。

冷热兼顾，圆融做人

对一切事物都抱有积极热情的态度，是为人处世所必需的，比如，你要想得到朋友、同事的认可和接纳，首先必须得主动敞开自己的心怀。从一开始就要讲真话，热情地帮人家办些实事，以诚相待，这样朋友为你的诚实所感动，才会从内心深处喜欢你，并与你真诚交往。

但是，你也千万要注意自己是否热情得过了头？譬如涉及朋友的隐私之事，你却不知眉眼高低地非要帮朋友忙这忙那，致使朋友很尴尬，很难为情，既不好拒绝你，又无法感谢你；再者，你讨好领导，自觉与领导亲密无间，对领导的阴暗面都知晓的一清二楚，那么，你有可能会成为曹雪芹笔下的“门子”了，早晚会被“贾雨村”“寻一个不是”，被远远地充发外地。因此，最好的分寸就是冷热适中，不即不离。这样才有可能使彼此的友好关系保持长远。

再如单位的同事、领导到你家聚会，你是眼睛只盯着领导呢？还是在不得不首先给领导倒茶、斟酒之后，再给同事们“服务”时也能表现出热情的态度，说一两句亲切的话？这里，除了技巧之外，根本问题是要把握“一视同仁”的分寸。

人和人的关系，往往不是简单的我和你的关系，常常是我和他、他和你三角、四角，甚至五六个角的关系。

中国有句古语，叫做“一人向隅，举座不欢”。比如，当客人怀着欢欣的心情坐到你家宴席上来的时候，他们倒不是为了吃点喝点什么，而是为了通过这种社会交往形式互诉衷肠，互诉友情。只要主人能以平等的态度对待每一个客人，那么，要做到“皆大欢喜”是不难的。而如果“热”此“冷”彼，那样“冷”者当然不高兴，而“热”者心中也不会好受，因为实际上那少数的“热”者，有意无意地被人推向了“冷”者的对立面，心里也会“为之不欢”。据说，圆桌的发明，正是为了使入席者既无南面之尊，又无北面之卑，其中本身就隐含着“平等”二字。坐在象征平等的圆桌边进餐，而偏要人为地造出种种不平等的举动来，岂不可笑？

在社会交往之中，定会有与你关系比较亲密的人，也有与你关系一般的人，无论在什么场合，都要注意不能亲亲疏疏、冷冷热热。

在待人的态度问题上，孔子说过要“上交不谄，下交不渎”，就是说在与人交往时，要既不谄媚讨好位尊者，也不歧视冷落位卑者，端庄而不过于矜持，谦逊而不矫饰造作，充分显示出你的诚挚内心。

我们常常会听到周围有这样的评价：某某人做事真周到。这样的话，肯定就是对那些善于在日常应酬中做得圆满者的赞赏，同时也说明了被赞赏者是日常应酬的成功者。

在应酬场合中，如果有三个人，那么其中一个人可能会是本次应酬的“次要者”。如果在应酬过程中，这位“次要者”遭到冷落，在心里产生不被重视的感觉，那他的心里将会是非常尴尬的，而且以后他便会找出各种各样的理由，拒绝出现在这样的场合。这样，你就有可能因此而失去一个可以在某个方面向你提供帮助的伙伴。

让每一个人都感到你在重视他的存在，你的事业便成功了一半。

适当地让“次要者”参与到你们的谈话中，不仅可以打消“次要者”的尴尬，同时还可以为你赢得朋友的欢欣。

让“次要者”感到他的存在，可以有以下四种形式：

1. 常常向“次要者”微笑；

2. 不时地向“次要者”询问一些问题；

3. 常常示意“次要者”喝茶或吃点心；

4. 让“次要者”参与到你们的谈话之中。

只有把握了冷热适中的原则和分寸，在生活交往中才能备受朋友、同事的欢迎，才不至于自己去坐那条冷板凳。

前进后退，尽享人生

人在一个集体中不可强出风头，孚众望、得人心，是日积月累的结果，你在言谈举止之间，别人——尤其是你的朋友、同事——都在那儿观察你，品评你。你有成就，你肯努力，你待人宽厚，别人自会欣赏，用不着强求注意。强出风头，往往引起别人的反感。

“出头的椽子先烂”、“木秀于林，风必摧之”、“直木先伐，甘井先竭”……这类古训俗语常用来告诫人，要警惕环境险恶，人心叵测，要韬光养晦，不露锋芒，不动声色。因为，风头出尽的人容易遭人妒忌，容易首先受到攻击。

现实中，确有那么一些人，虽说其能力、才学的确令人钦佩，可正因为他们比别人所起的作用大一些，便总以为一切高、精、难的工作必须自己插手才会马到成功，他人纯属“跑龙套”的配角，俨然一副离了自己地球就会不转的样子。难怪“枪手们”总忍不住先打这样的“出头鸟”。尤其在我们这个有着几千年封建史的国度里，更是有很多人因才华出众而遭受贬斥，或丢掉了性命。在这里我们并不是否定那些勇往直前、万事当先的人，只是强调前与后的分寸，古人不也说“始作俑者，其无后乎”吗？

那么，在工作中，在同事之间，应该怎样把握不前不后的分寸呢？

首先，必须掂一掂自己在工作中的位置和在单位中的角色。属于自己工作职责范围内的事情，则责无旁贷，必须尽心尽力去完成。自己工作之外的事情，则以“多一事不如少一事”为原则，不该涉及的尽量不去涉及，尤其不要以“内行人”、“明白人”或者其他居高临下的姿态去对同事、领导指手画脚。即使人家请你去帮忙，也应以谦逊的态度诚恳待人。

其次，在名誉、利益面前，尽量不要表现得过于热衷，以避免成为众人忌妒、排挤的对象。即使有所追求，也应该在表面上含而不露，应该通过为人与处世的技巧去赢得大家和领导的认同。要知道，很多事情的成功，正如战场上作战一样，迂回包抄要比正面直接进攻有效得多。

不前不后是一种处世哲学，更是一种处世技巧，它的根本点就在于明哲保身。这种策略可以保证你在一个群体之中四平八稳、步步为营地向前推进。不前不后是欲望控制的结果，是理智的化身。它要求你在工作办事过程中沉着、稳定，不以情绪支配言行，不以欲望蛊惑心理。“淡泊明志，宁静致远”，正是这种不前不后处世态度的体现。

任何事情都是一分为二的，不前不后只是说在同事之中，在利益与荣誉面前，不过分张扬自己，不踩着别人的肩膀向上攀登。不前不后只是一种过程，但从结果——自己的前途与事业而言，则必须是在他人的前头，必须从同事之中脱颖而出。到那时，其情势将不是“木秀于林，风必摧之”，而是“众星捧月”，“众望所归”了。这正是恰当地把握不前不后分寸，才能为自己的事业赢得人缘与机缘。

我们在观看一场马拉松比赛时，通常会看到在前半程跑在最前面的人反而不容易夺到金牌，而跑在第二位或稍后一点的队员却有更多的时机夺取桂冠，而位置太靠后的落伍者也同样与冠军无缘。这与人与人之间的社会性竞争和相处何其相似，人生的奋进过程其实就是一次马拉松比赛，只有恰到好处地保持不前不后的位置，把握不前不后的分寸，才有可能更多地获得成功。要知道，在这场比赛中，人们要看的不是过程，而是最后的结果。

前行后移，安乐之法

《菜根谭》中说：“经路窄处，留一步与人行；滋味浓的，减三分让人尝。此涉世一极安乐法。”

这便是一种进退之道。有这样一则寓言：从前，有一条大河，河水波浪翻滚。河上有一座独桥，桥很窄，仅用一根圆木搭成。有一天，两只小山羊分别从河两岸走上桥，到了桥中间两只山羊相遇了。但因桥面太窄，谁也无法通过，而这两只山羊谁也不肯退让。结果，两只山羊在桥上用角顶撞起来。双方互不示弱，拼死相抵，最终双双跌落桥下并被河水吞没了。

这则寓言很简单，但蕴含着深刻的道理，这正是“经路窄处，留一步与人行”的道理。在狭窄的路口处，不妨让别人先行，自己退让一步。表面看来，自己吃亏，但实际上，如果彼此都不相让，势必会两败俱伤，倒不如稍作退让，免去麻烦。

“人情反复，世路崎岖。行去不远，须知退一步之法，行去远，务加让三分之功。”这种做法明为退，实为进，是一种比较圆熟的做法，一条道路本就狭窄，再加上拥挤更是无处下脚，若是自己退一步让人先走，那么自己也就相当于有了两步的余地，可以轻松走路。两相对照，自然是应选择有利于自己的做法。列宁也早就说过：“退一步是为了进三步。”

一般来说，你如果想在社会上走出一条路来，那么就要放下身段、放下你的学历、放下你的家庭背景、放下你的身份，让自己回归到“普通人。”更不要在意别人的眼光和批评，做你认为值得做的事吧，走你认为值得走的路。

只有放下身段，路才会越走越宽。

人的“身段”是一种“自我认同”，并不是什么不好的事，但这种“自我认同”也是一种“自我限制”。也就是说：“因为我是这种人，所以我不能去做那种事”，而自我认同越强的人，自我限制也越厉害。千金小姐不愿意和女佣同桌吃饭，博士不愿意当基层业务员，高级主管不愿意主动去找下级职员，知识分子不愿意去做“不用知识”的工作……他们认为，如果那样做，就有损他们的身份。

其实这种“身段”只会让人路越走越窄，像博士如果找不到工作，又不愿意当业务员，那只有挨饿了；如果能放下“身段”，那么路就越走越宽。

有一个故事说的是以退求进的道理，有一位在美国留学的计算机博士，辛苦学习了好几年，总算毕业了。可是，虽说是拿到了响当当的博士文凭，却一时难以找到工作。

多次应聘却被各大公司拒绝，生计没有着落，这个滋味可不好过。他苦思冥想，想找个办法，谋个职位，这样免得路过不论是中国餐馆还是美国餐馆时，都要加快步伐。最后，他终于想到了一个绝妙的点子。他决定收起所有的学位证明，以一个最低身份去求职。

这个法子还真灵，一家公司老板录用他做程序输入员。这活可真是太简单了，对他来说简直是“高射炮打蚊子”。不过，他还是一丝不苟，勤勤恳恳地干着。不多久，老板发现这个新来的程序输入员非同一般，他竟然能看出程序中的错误。这时，这位小伙子掏出了学士证书。老板二话没说，立刻给他换了个与大学毕业生相对口的专业。

又过了一段时间，老板发现他还能时常为公司提出许多独到而有价值的见解，这可不是一般大学生的水平呀！这时，这位小伙子又亮出了硕士学位证书，老板看了之后又提升了他。

他在新的岗位上干得很出色，老板觉得他还是与别人不一样，非同小可。于是，老板把他找到办公室，对他进行质询，这时，这位聪明人才拿出来他的博士证书。

这时，老板对他的水平有了全面的认识，便毫不犹豫地重用了他。凭借着他的绝妙的点子，这位博士终于获得了成功。

现代社会跟过去不相同了，如今提倡“自我推销”，既是推销，则要有推销术，如果这位博士还是拿着自己的文凭，一家接一家地去亮相，或许他现在还没有工作。

这位博士的点子好就好在以退为进，看上去是自己降低了自己，也让别人看低了，但是身处低位，被人看轻，不要紧，一旦有机会，就可以大放异彩，展露才华，让别人、让老板对你一次次刮目相看，你的形象便慢慢高大起来了。

相反，一上来就亮博士证书，容易被人看高，期望值过高，容易引起失望。可见别出心裁，以退求进更容易达到目的。

方圆处世，人生之本

方为做人之本，圆为处世之道。

“方”，方方正正，有棱有角，指一个人做人做事有自己的主张和原则，不被人所左右。“圆”，圆滑事故，融通老成，指一个人做人做事讲究技巧，既不超人前也不落人后，或者该前则前，该后则后，能够认清时务，使自己进退自如，游刃有余。

一个人如果过分方方正正，有棱有角，必将碰得头破血流；但是一个人如果八面玲珑，圆滑透顶，总是想让别人吃亏，自己占便宜，也必将众叛亲离。因此，做人必须方外有圆，圆内有方，外圆内方。

外圆内方之人，有忍的精神，有让的胸怀，有貌似糊涂的智慧，有形如疯傻的清醒，有脸上挂着笑的哭，有表面看是错的对。

商界有巨富，官场有首脑，世外有高人。他们的成功要诀就是精通何时何事可“方”，何时何事可“圆”的为人处世技巧。

“方”是做人之本，是堂堂正正做人的脊梁。人仅仅依靠“方”是不够的，还需要有“圆”的包裹，无论是在商界、官场，还是交友、爱情、谋职等等，都需要掌握“方圆”的技巧，才能无往不胜。

“圆”是处世之道，是妥妥当当处世的锦囊。现实生活中，有在学校成绩一流的，进入社会却成了打工的；在学校成绩二流的，进入社会却当了老板的。为什么呢？就是因为成绩一流的同学过分专心于专业知识，忽略了做人的“圆”；而成绩二流甚至三流的同学却在与人交往中掌握了处世的原则。正如卡耐基所说：“一个人的成功只有5%是依靠专业技术，而85%却要依靠人际交往、有效说话等软科学本领。”

真正的“方圆”之人是大智慧与大容忍的结合体，有勇猛斗士的武力，有沉静蕴慧的平和。真正的“方圆”之人能对大喜悦与大悲哀泰然不惊。真正的“方圆”之人，行动时干练、迅捷，不为感情所左右；退避时，能审时度势，全身而退，而且能抓住最佳机会东山再起。真正的“方圆”之人，没有失败，只有沉默，是面对挫折与逆境的积蓄力量的沉默。

在强大的对手高压下，在面临危机的时候，采取藏巧于拙、装糊涂，扮作“诚实”的样子，往往可以避灾逃祸，转危为安。虽然面临险境，或遇到突发事件而装傻充呆，这比临危不惧和视死如归的壮烈要保全得多。留得青山在，不怕没柴烧，以拙诚与对手周旋，确实不失为一种高明之术。

我们经常在报纸上见到穷凶极恶的罪犯窜入老百姓的家里，杀人掠货、绑架无辜或逼人做质的时候，被害人是怎样委曲求全，先以圆滑诚恳的语言赢得罪犯的信任，然后伺机在罪犯不在意或误认为在他的胁迫下真的与其合作的时候，出其不意地逃脱报案或径直击败罪犯，这其实是外圆内方的最好案例。试想，假如面对凶狠的罪犯暴跳如雷，罪犯不先砍掉你的脑袋才怪呢。只有把“方”用“圆”先掩盖起来、包藏起来，装出很诚实的样子，利用拙笨的诚实稳住对方，充分地运用对方的怜悯之心，使对方不加害自己，才会为以后施展擒拿罪犯的计谋赢得时间和条件。

这外圆内方的办法，在历史上早已有之。《三国演义》中有一段“曹操煮酒论英雄”。当时刘备落难投靠曹操，曹操很真诚地接待了刘备。刘备住在许都，在衣带诏签名后，也防曹操谋害，就在后园种菜，亲自浇灌，以此迷惑曹操，放松对自己的注视。一日，曹操约刘备入府饮酒，以龙状人谈话，议起谁为世之英雄。刘备点遍袁术、袁绍、刘表、孙策、张绣、张鲁，均被曹操一一贬低。曹操指出英雄的标准——“胸怀大志，腹有良谋，有包藏宇宙之机，吞吐天地之志。”刘备问：“谁人当之？”曹操说：“天下英雄唯使君与我。”刘备本以韬晦之计栖身许都，被曹操点破是英雄后，竟吓得把匙箸丢落在地下，恰好当时大雨将至，雷声大作。曹操问刘备，为什么把筷子弄掉了？刘备从容俯拾匙箸，并说：“一震之威，乃至于此。”曹操说：“雷乃天地阴阳击搏之声，何为惊怕？”刘备说：“我从小害怕雷声，一听见雷声只恨无处躲藏。”自此曹操认为刘备胸无大志，必不能成气候，也就未把他放在心上，刘备巧妙地将自己的惶乱掩饰过去，从而也避免了一场劫难。刘备在煮酒论英雄的对答中是非常聪明的，他用的就是方圆之术，在曹操的哈哈大笑之中，才免去了曹操对他的怀疑和忌妒，从而最后才能如愿以偿地逃脱虎狼之地。至于三国后期的司马懿，更是个外圆内方的高手。他佯装成快要死的人，瞒过了大将军曹爽，达到了保护自己，等待时机的目的，最后实现了自己的抱负，统一了天下。这正是：“鹰立似睡，虎行似病。”还有，对一些有经验的领导者来说，更是如此，因为他们知道自己的权力再大，毕竟还是有限的，它不可能使所有的人都听命于自己。当自己的管理目标受到权力条件的限制，一时难以完全实现时，他就必须运用计谋、审时度势、权衡利弊，首先制服自己权力够得着的对象，暂时稳住还远离自己、鞭长莫及的对象。这在军事学上，叫远交近攻；在处世学上，叫外圆内方。

总之，人生在世只要运用“方圆”之理，必能无往不胜，所向披靡。无论是趋进，还是退止，都能泰然自若，不为世人的眼光和评论所左右。

得失无虑，智慧人生

一个从战术上考虑问题的人是强者，而一个从战略上考虑问题的人则是智者。

顾全大局，舍卒保车是一种深远的谋略，从分寸学的角度来看就是一种可失可得的策略，是一种宽柔的智慧。古往今来，多少仁人志士甘愿在名誉上受到玷污，而成就更大的事业。古人云：“立名难而坏名易。”好名声的建立是很难的，而破坏名声只在一时一事之中。所以名节上的损失绝非易事，勇于牺牲名节，必定是为了更大的目的。这就是顾全大局，对于这个大局来说，名节就是卒，为了得到大局这个车，失去这个卒是不可避免的。

做人处事如此，做生意亦如此。在生意场上要做到顾全大局，就必须临危不乱，关键时刻不能患得患失于小益小利，要善于分清眼前利益与长远利益能够舍卒保车，为了更大、更长远的利益舍弃眼前的利益。在相对小的利益面前装糊涂、不动心是每一位渴望大成功的经营者所必备的素质。

“爱出者爱返，福往者福来。”人世间的事情，有了付出才有回报，没有无回报的付出，也没有无付出的回报。付出越多，得到的回报越大，只想别人给予自己，那么“得到”的源泉终将枯竭。春秋末年，齐国的国君荒淫无道，横征暴敛，逼取于民以无度。齐国的贵族田成子看到这种情况后，对他的下属说：公室用这种榨取的手段，虽然得到了不少财富，但这种取是“取之犹舍也”。仓储虽实，但国家不固，终是“嫁衣”。于是田成子制作了大、小两种斗，大开自己仓储接待饥民，用大斗出借谷米，用小斗回收还来的谷米，“予民于惠”，于是齐国人民不肯再为公室种田效力而投奔于田成子门下，一时“民归之如流水”。田成子用这种大斗出小斗进的方式，借出的是粮食，收进的是民心。貌似给予，实则得到。

果然，齐国的国君宝座最后为田氏家族所得。史学家范晔说：天下皆知取之为取，而不知与之为取。正是一语道破这种得失观。

得与失的互为转化之效果，有时也并不是马上就可以见到的，但懂得其中奥妙的人，会掌握取舍的主动权，让它发挥出意想不到的效果。战国时，齐国的孟尝君是一个以养士出名的相国。由于他待士十分真诚，感动了一个具有真才实学而十分落魄的士人，名叫冯谖。冯谖在受到孟尝君的礼遇后，决心为他效力。一次孟尝君要叫人为他到其封地薛邑讨债，问谁肯去？冯谖说我愿去，但不知用催讨回来的钱，需要买什么东西？孟尝君说就买点我们家没有的东西吧！冯谖领命而去。到了薛邑后，他见到老百姓的生活十分穷困，听说孟尝君的讨债使者来了，均愤愤有怨言。于是，他召集了邑中居民，对大家说：“孟尝君知道大家生活困难，这次特意派我来告诉大家，以前的欠债一律作废，利息也不用偿还了，孟尝君叫我把债券也带来了，今天当着大伙的面，我把它烧毁，从今以后，再不催还！”说着，冯谖果真点起一把火，把债券都烧完了。薛邑的百姓没有料到孟尝君是如此仁义，个个感激涕零。冯谖回来后，孟尝君问他，讨的利钱呢？冯谖说，不但利钱没讨回，借债的债券也烧了。孟尝君便大不高兴。冯谖对他说：您不是要叫我买家中没有的东西回来吗？我已经给您买回来了，这就是“义”。焚券市义，这时您收归民心是大有好处的啊！果然，数年后，孟尝君被谮人谗，齐相不保，只好回到自己的封地薛邑，薛邑的百姓听说恩公孟尝君回来了，全城出动，夹道欢迎，表示坚决拥护他，跟着他走。孟尝君甚为感动，这时才体会到冯谖的“市义”苦心。这就叫“好与者，必多取”，小的损失可以换取大的利益。因此从某种意义上说，得失问题就是贡献与索取、获得与舍弃之间关系的平衡和把握。

有没有只想得不想失的人？当然有。何谓贪得无厌？何谓极端自私？说白了，就是只想得不想失，而且只想多得，一点都不想失。不过，最后的下场总是不那么光彩。

有没有不在乎个人得失的人？也有。有的人不计名利，只是奉献，为了他人的幸福，宁可自己少得或不得，宁可失去自己的利益，从不斤斤计较，有的为了某种主义、某种思想，甚至牺牲自己的性命也在所不惜。

如今，有关得失，社会更流行的准则是：该得的就要得，该失的就要失，而不该得的就一点都不要得，不该失的也自然不应失。

是不是得失之间的关系就简单到了如此明了？当然不是。当得失与人的智慧，与人格、节操，与人的道德、法律结合之后，就会变得异常之复杂，处理其间的关系就变得异常微妙、艰难了。

譬如，得失中的远见与近视。有不少人，急功近利的色彩非常强烈，考虑的只是眼前的利益，所看到的只是鼻子下的东西，而看不到未来。于是，不管大的、小的，不管是主要的、次要的，统统都想捞到手，一点小亏都不能吃，时间一长，就慢慢向贪得无厌的方向演变。

正直做人，心无愧疚

人人皆知为人处世存在一个态度或姿态问题。这态度与姿态又总是与身份、地位、角色和自身的个性息息相关，通常情况是身份较高、地位较高的人，容易表现出高傲的情绪，这种情绪是不易为人所接受的，一旦地位或角色发生了变化，他们便在一种人世的落差中尴尬起来了。也有另外一种人，他们出身卑微、地位低下或性格懦弱，常常表现出卑怜落魄的姿态，这种姿态令人轻蔑和瞧不起，致使很多人不屑于与之为伍。以上这两种处世态度，一者为亢，一者为卑，都不利于人际关系的正常交往，都有碍于心灵的沟通和情感的融洽。可以说，这两种态度是为人处世的大敌，不仅造成彼此相处的心理障碍、精神障碍，而且也给交际气氛笼罩了一片乌云，使彼此相处不愉快，不和谐，不融洽。一般而言，人们大多喜欢在彼此平等的正常状态下交往。由“卑”或“亢”所产生的距离和人际交往的鸿沟，使彼此无法构建友谊的桥梁。所以，为人处世应该保持的最良好的态度是不卑不亢。

不卑，可以不惹人怜；不亢，可以不招人妒。此种态度可适合于任何一种场合、任何一种环境。不卑不亢是一种境界，一种心平气和的境界，一种高深莫测的境界，一种做人的境界。

但真要进入这样一种境界并不容易。特别是自卑者，要想从“矮人一截”

的不良感觉中走出来，并不是一件轻松的事。

奥地利著名心理学家奥威尔在《自卑与人生》中说："自轻自贱的人，必定是自卑的人；或者说，自卑的人，必定是自轻自贱的人。"

那么自轻自贱又是从何而来的呢？一般认为有下列几个原因：

一种类型是气质上的自卑这种状态，跟他出生时的环境、童年时代的环境有很大关系，是从小就有的，几乎与生俱来。这种自卑，要改变是很难的。一个人如果先天就有这种气质，他所要努力去做的，就是在他的这种气质之下，如何做得最好。要彻底克服自卑是不可能的。

童年时如果常常遭到大人的吆喝、斥责、谩骂，会使他一生都变成一个唯唯诺诺的人，一个自卑的人。

气质上自卑的人，有的一辈子木讷、迂腐，最终一事无成，也有的却干成了大事。这要看他是否合理地处理自己的这种缺陷，"变废为宝"了。

另一种类型是后天的，叫认识性自卑。这种心理形成于一个人长大以后。这种自卑心理的产生，其主要原因是过分注重自己在别人心目中的形象，过分注重自我，其结果是谨小慎微、患得患失，凡事总想着怎么不让人看轻，一天24小时，好像随时都有个人在身后监督着似的。

这样的心态，不就像是一个囚徒的心态吗？囚徒是身体被囚，而自卑的人是心灵被囚。从这个意义上讲，他比囚徒更可悲。

第三种也是后天的，叫挫折性自卑。这种心理的产生可以不受年龄限制，而且很可能以前是不自卑的，后来因为受了很大挫折，而且屡战屡败，最后形成了自卑心理。

有了这种心理，必会使交往和办事质量大打折扣。所以，应先分析自己，找出产生自卑感的原因。比如，平时很少参加社交活动，受这方面的教育和锻炼不足，工作能力不强，有某种生理缺陷疾病等。认清了这些，便有意识地用自己的优势弥补不足，这样，在有意识的锻炼下，会渐渐地在为人处世过程中产生一种平衡心态。

另外，要避免自卑，培养坦荡的不卑不亢的处世心态，应具有一定的社交活动技能和社交常识。

处世不是一种抽象的活动，其表现形式是多姿多彩的，广博的知识，高尚的情操，往往使社交活动和处世过程变得更加丰富，给参加者带来多方面的收获和享受。

一个人不会跳舞、不会摄影，就很难同有此爱好的人建立起感情。如果请朋友到家里聚会，你不会做饭，随便吃点什么东西与你做一桌美味的饭菜相比，显然气氛会大不一样。所以，掌握一定的技能，就会打开参加更多的社交活动的渠道，为你的社会交际打下良好的基础。

另外，还应掌握一定的社交常识。如：怎样和人家握手，交换名片；怎样安排喜庆活动；怎样注意餐桌上的礼仪；怎样和人寒暄和掌握一些地方的风俗禁忌等等，都可以让自己在社会办事儿时显得应付自如，潇洒大方。

最后，也应该掌握一些处世的技巧。

假设，你为了替友人谋一份差事而去拜访某大公司的经理。你先要明白一个原则，就是：虽然你去见的可能是一个身份颇高的人物，而且又是你有求于他，不过，他仍是被动的，你才是主动的，所以你要在程序方面做一些准备。

准备一：迅速调整自卑心理。当你与某一个人交往和办事儿时，你心理上有着“我正在求你”的感觉时就不太好，这会变得神经紧张，一切出于不自然。这需要迅速调整自己的自卑心理，使自己的感觉处在最佳状态中。

在日常生活中，我们常常与一些在身份、才识、经验、能力等各方面比我们高出一筹的人去交往。在这种情况下，往往会有人因此而自卑，因为自己不如人，面对对方产生一种心理上的畏惧感，自信心便大打折扣。“自信是成功的基石。”如果一个人连自信都失去了，那么他要想得到成功，恐怕只是幻想。一个人不论处于什么环境之下，只要不丢失自信，就会有成功的希望。

有一个朋友，他的嗓子非常好，平时唱的歌儿还很像那么回事，可就是有些不自信，一旦到了需要他一展歌喉的场合，他便躲在一边不敢出来。有几次举办联欢晚会，非常热闹，主持人知道这位朋友的嗓音很好，于是便拉他上来给大伙唱个歌。可是这位朋友却脸红脖子粗地拼命拒绝，一个劲地说：“唱不好”、“不会唱”。开始大家还一起起哄劝他唱一个，可是见他怎么都不肯，也只好作罢了。只是，因此一来，便再也没有人去注意他，到后来他是什么时候走的，都没有人知道。一个连在公开场合唱歌都不敢的人，如果让他去搞社交，效果就可想而知了。

有这么一个童话，说是有一只黄鹂鸟，生着一副极好的歌喉，但就是胆子小，不敢在大家面前唱歌。黄鹂鸟也知道自己的缺点，于是它便去寻找有学问的伙伴，向它们求教如何才能把胆子练大。黄鹂鸟先后找了老乌龟、猫头鹰、长颈鹿，直到找到了老松鼠。可是每个伙伴都让它先唱一首歌来听听，然后再告诉它。于是直到黄鹂鸟找到老松鼠的时候，它已经可以当着所有伙伴的面唱歌而没有丝毫胆怯了，因此老松鼠对它说：“你已经找到了练得胆大的方法了。”

这个故事所说的，其实就是一种自信。黄鹂鸟虽有一副好歌喉，但因缺乏自信，不敢在大家面前唱歌，等到它找到了自信，就不仅敢唱，同时也得到了动物们的喜欢和尊重。李白诗中有一句，叫做："安能摧眉折腰事权贵，使我不得开心颜。"如果面对"权贵"心生畏惧而自卑，那么你就不可能使自己办事儿时大方果断起来，能办的事儿也难以办成。所以我们在平时就应该摆正自己的位置，只要我们将心理上的那份胆怯收起来，充分显示出自己的自信，就会在处世过程中游刃有余。

准备二：在平时自我完善。俗话说，人无完人，但是一个人要是力求自我完善，也不是不可能的。要想在为人处世时达到自我完善，就得避开自卑，一个人如果有了自卑心理，那么也就无法很好地去同周边人打交道。

有一位大学生在向一位心理医生求诊时，叙述道："我是个在校的大学生，多年来我一直为自卑的情绪所困扰，在班上我最怕发言，更怕老师点我的名，也怕别人注意我。在人多的场合，我怕讲话，老是觉得自己不如别人。我也曾试图改变自己，可是却总是心理紧张，说话结结巴巴，常引起别人的耻笑……现在我常常自觉不自觉地待在角落里，我对自己越来越没信心了……"这位大学生就是没有主动去锻炼自己，他虽然已经认识到了自己的自卑，但是如果不改变这份自卑心理，他的生活仍然是黑色的。

在心理咨询中，我们常常会碰到这种为自己的自卑所苦恼的人。如果你仔细观察，这种为自卑所累的人，基本上有两个突出的心理特征：

1. 过高的内心期待心理。这种人想得太多、太细，总想在别人面前留下好印象，能够得到别人的认可和好评，因而也就特别注意自己的形象和别人对自己的评价。其实，过分期待一种希望并没有什么不对，因为每个人都有虚荣心，但问题是如何来对待这份虚荣。如果为了满足这份虚荣而去伪装什么，那么就极有可能将自身最有价值的真实抛弃了，这样的人也就会在为人处世过程中束手束脚，无法展现自己的真实能力。

2. 自信心理障碍。这类人看问题总是看到自己比别人差的一面，看到自己不如意的方面，因而易产生多疑多虑的心理障碍，这种心理障碍常常表现对自己的高欲望和低信心所造成的心理落差上。这种落差，不仅容易使自卑者产生焦虑，同时还会令他十分敏感，对他人的言谈、行为、眼光等都十分留心，稍有一点怀疑便与自己联系起来，无端地认为别人在议论自己，以致变得越来越怯懦，越来越自卑，最终走向自我封闭，逃避正常的交往，丧失社交能力。

如何才能克服自卑呢？首先你必须正确认识、分析自己，正确认识自己的长处和短处，清楚自己的优点和缺点。用自己的短处去比别人的长处，你会永远觉得自己“技不如人”，而用自己的长处去比别人的短处，你就会信心十足，这样的方式可以强化你的自信心。

人的价值主要是通过自身的努力而达到或可能达到的最大限度，而不是也不可能追求到绝对的完美无缺。因此，要学会正确对待自己的缺点，它是达到自我完善的第一步，也是极其重要的一步。只有学会正视自己，才能达到自我完善，也只有达到自我完善，才能在为人处世过程中应付自如。

准备三：克服自卑的几点技巧。在为人处世时由于自卑而出现的怯懦与紧张虽然是由内在素质所决定的，但如果有意识地运用一些技巧来克服，还是会起到一定作用的，下面仅举几例供读者参考：

（1）一开口声音洪亮，就不会怯场。

（2）服装方面，如果有一件较得体的衣服，你也许会有一种自我欣赏感，增加自信心。

（3）办事之前，如果遇到不愉快的事，要利用很短的时间，使自己的心情转为愉快。

（4）对方可能令你怯场时，设法提早到达办事地点。

（5）保持眼光的高度跟对方齐等的位置，精神压力就会减轻不少。

（6）选场所最好选择自己熟悉的地方，如果办不到，至少也要选择双方都不熟的地方。

（7）把关键问题提早说出来，紧张感就会缓和。

（8）告诉自己：“我紧张、不安，对方也会产生与我同样感觉。”这样，你的心里会坦然些，也会更拥有勇气些。

（9）告诉自己：“他与我一样，不过是个平凡的人。”这样就不会使你被对方的社会地位或头衔吓住。

（10）当你忽然被对方的问题难住时，要立刻反过来问对方有关的另一个问题。

（11）发现自己说错了话，就立刻在脑海里想起与此全然无关的事情。

（12）发现自己很紧张，你就使所有动作缓慢下来。

总而言之，无论和什么人打交道，无论遇到什么事情，你尽管大着胆子去做，胆大漂洋过海，胆小寸步难行。没有良好的自信心，没有敢于试一试的胆量，必将一事无成。

另外，还有一种类型的人就是自高自大的所谓“亢”者，这种人处处自以为是，牛气十足，总觉得自己永远比别人强，比人高明，特别是在某时或某一事上取得成功和获得胜利之后，就更忘乎所以、目中无人了。这种人也是不得为人处世分寸之道的。

"骄兵必败"的格言尽人皆知，但每一个时代，重蹈覆辙者还是大有人在。第二次世界大战中的风云人物——美国五星上将麦克阿瑟，在其70岁以前可谓是一位功勋卓著的"常胜将军"。他1930年便是美军历史上最年轻的陆军参谋长，二次大战期间，带兵横扫南太平洋。五角大楼警告他到菲律宾时不要太冒险，他毫不理会，以极小的代价一举拿下了多罗岛。战后，他以"盟军最高司令官"名义执行美国单独占领日本的任务。他又超越军事长官的权限，插手日本的社会和经济改革，可谓成绩辉煌。美国总统罗斯福、杜鲁门对他的行为非常不满，但又无可奈何。

1950年麦克阿瑟又任"联合国军总司令"，指挥侵朝战争。仁川登陆一战，他暂时扭转了美军初期的败局，将朝鲜一截为二，然后他长驱直入抵达鸭绿江边。一连串的进攻和冒险的胜利，使这位将军头脑发昏，"自我"膨胀起来，他自认为打遍天下无敌手，竟派飞机轰炸我国东北城市，在公海炮击我国商船，直接威胁我国的安全。中国政府一再提出警告，但麦克阿瑟目空一切，不可一世，认为中国人是不敢也无力参战的。狂妄自大使他完全无视中朝人民不屈的尊严和反侵略的巨大决心。

美国总统杜鲁门从驻外人员和台湾国民党那里不断收到中国可能出兵的情报，他渐渐感到不安。于是他约定麦克阿瑟到太平洋上的威克岛做一次会晤，希望从麦克阿瑟那里得到中国出兵的"第一手材料和判断"。10月15日，麦克阿瑟踌躇满志地在威克岛向杜鲁门保证"朝鲜战争是赢定了"，并说："中国共产党不会进攻。""在南北朝鲜，抵抗都会在感恩节（11月23日）前结束。这样，就能够在圣诞节前把第8集团军撤回日本。"而事实给了麦克阿瑟最大的嘲讽。中国人民志愿军10月19日就到了朝鲜，从1950年10月25日起到1951年4月，经过四次战役的较量，麦克阿瑟损兵折将，从鸭绿江一路退到三八线一带，其人员伤亡惨重。美国9个师陷在朝鲜，天天被消耗，而美国的战略中心——欧洲只剩下了6个师。美国的西欧盟友担心西欧常规防御力量不足，会给苏联的进攻造成可乘之机。他们对美国施加压力，说美国在"错误的时间，错误的地点打了一场错误的战争"。

杜鲁门为了在朝鲜脱身，通知麦克阿瑟寻求和平计划。麦克阿瑟不服气，他为了破坏可能停战谈判的气氛，擅自发表一个恫吓中国的声明，说："敌方现在一定痛苦地知道，联合国如果决定放弃把战争限于朝鲜境内的努力，而扩大我们的军事行动到中国的沿海地区和内地基地，这就使中国遭受军事上即将崩溃的危险。”在恫吓一通以后，在末尾声明道：“我准备随时在占地和敌方部队的总司令举行会晤，认真努力寻求不必再流血而可以实现联合国在朝鲜的目标的军事手段，这些目标是任何国家不能有理由反对的。”

这吹牛加挑衅的声明发出后，英法两国政府令其驻华盛顿大使提出非正式抗议：“抗议麦克阿瑟将军逾越他日前作为联合国朝鲜司令官的权限而发表的声明。”杜鲁门得知麦克阿瑟的声明，气得“嘴唇发白”。

4月21日凌晨，杜鲁门宣布撤销麦克阿瑟的盟军总司令、联合国军总司令、美国远东总司令、美国远东陆军总司令四项职务。这个消息是别人从广播里听到后告诉麦克阿瑟的，他自己在回忆录里说：“没有一个办公室听差，没有一个打杂女工，没有随便哪一个仆人，会这样地不顾起码的体面被解雇。”

某一时某一事的成功和胜利容易引起自满自大，其带来的消极后果，轻则阻碍进步，影响人际关系的正常交往，重则导致失败垮台。“胜易骄，骄必败”，这是万古常新的真理。“卑”者必招人烦，“亢”者必惹人厌，而只有不卑不亢才是为人处世的常态。所以不卑不亢是一种永远不会失败的性格，也更是一种立足社会屡试不爽的处世分寸。

做事沉稳，镇定为人

有一个男孩在草地上发现了一个蛹，他把蛹捡起来带回家，要看看蛹是怎样化为蝴蝶的。

过了几天，蛹上出现了一个小裂缝，里面的蝴蝶挣扎了好几个小时，身体似乎被卡住了，一直出不来。

小孩子看着于心不忍，于是，他拿起剪刀把蛹剪开帮助蝴蝶脱蛹而出。可是这只蝴蝶身躯臃肿，翅膀干瘪，根本飞不起来。

小孩以为几小时之后，蝴蝶的翅膀会自动舒展开来。可是他的希望落空了，一切依旧，那只蝴蝶注定要拖着臃肿的身子与干瘪的翅膀，爬行一生，永远无法展翅飞翔。

大自然的道理是非常奥妙的，每一生命的成长都充满了神奇与庄严，瓜熟蒂落，水到渠成。蝴蝶一定得在蛹中经过痛苦的挣扎，一直到它的羽翅强壮了，才会破蛹而出。小孩善意的一剪，反而害了它的一生。

从这个故事里，我们可体会“拔苗助长”、“欲速则不达”的真谛。煎熬、磨炼、挫折，这些都是成长必经的过程。急于成功的人，别忘了日本名将德川家康的一句名言："人生必须背负重担，一步一步慢慢地走，总会有一天，你会发现自己是那走得最远的人。"

人们常说，一口不能吃成个胖子，这句话不仅适用于刚刚创业的生意人，也适用于急于在人际关系中站稳脚跟的年轻人。任何公司，任何生意，任何成功，都是从无到有，从小到大，一步步踏实地走过来的。

当今世界首富比尔·盖茨曾经辍学后在父亲朋友的电脑公司干活，积蓄了一定的资金后和几个朋友共同投资创办了一家小小的电脑公司，然而现在微软公司已成为电脑行业当之无愧的龙头老大。

对于一般的商人而言，都是利用手头有限的资金，从小本生意做起，通过艰苦的创业，灵活的经营，才逐步把事业壮大起来。为人处世也是如此，也有一个由小到大、苦心经营的过程。

心急吃不了热豆腐，性急喝不了热锅粥，凡事不可操之过急，只有一步一步、脚踏实地，这才是通向成功的现实出路。

怎样使自己变得有耐心、有韧劲，在紧张的情况下也能心平气和、对情绪有所控制呢?

急性子的人大都不愿浪费时间，因此他们把时间安排得紧紧的，工作的时间都安排得恰好，不容许有什么延误或出什么差错。不过，要想万无一失，最好还是留有一定的余地，你所参加的约会越重要，预留的时间就应越充裕。如果是一场必不可误的约会，那就应该留出大量的时间做回旋的余地。

你如果感到十分烦躁，请运用你的想象力，努力使自己深深地潜入一个宁静的身心环境，进入一个稳定、美妙的境地。一位朋友说："当我感到纷乱的时候，我就努力想象小河岸边那宁静的风景胜地，它常使我的紧张和烦躁情绪消退许多。"

如果，你的急躁情绪仅属偶然，你的烦恼便自会消失。如果，你总是怒火中烧，粗鲁无礼，那就应该认识到你对自己看得过重了，以至于对任何人或任何事都不愿等待。

幽默有时也能帮助你保持心平气和，想方设法将难堪的场面化为幽默的故事，以便使对方感到有趣可笑，努力使自己成为一个观察力敏锐的人，因为这样有助于你抑制急躁情绪的产生。

做个有耐心的人不容易，做到平心静气是一种境界、一种气度和一种修养。人生在世，谁都会有不顺心的时候，也有逆境的时候，这也是促使自己身心成熟，准备宏图大展的机会。说到底，这之中最关键的是要沉着地等待时机，不急不躁，就像《菜根谭》中所讲的那样："伏久者飞必高，开先者谢独早，如此，可以免蹭蹬之忧，可以消躁急之念。"长久潜伏林中的鸟，一旦展翅高飞，必然一飞冲天；迫不及待绽开的花朵，必然早早凋谢了。了解了这个道理，就会知道凡事焦躁是无用的，对待逆境能忍别人所不能忍，只有抱着这种信念，你才会顺利地走完人生这段漫长的旅程。

人生就是这样玄妙，怠也不成，躁也不成，不怠不躁是一种立世和行事的尺寸，掌握了这个尺寸，在社会上行起事来，就不会因迟缓怠惰而贻误良机，也不会因急于求成而举措失度。只有把握了不怠不躁的尺寸，才能顺利抵达成功的彼岸。

不偏不倚，进退相得

不偏不倚是很难把握的分寸，人们在社会上大都想摆脱孤立无援的窘境，力争使自己的所言所行有所依托，有所呼应。于是，在社会生活中便很容易产生偏倚于某人或偏倚于某事的心理。

要知道，每个单位的人事关系都很复杂。有些同事专爱拉帮结派，挑拨是非。

不管你是否愿意，都有可能会被别人拉拢过去，成为一个他想发展的对象。当他毫无缘由地对你热心，并向你"谈心"之时，你就要学会不偏不倚了，你要尽量让你的冷淡使他摸不清你的心思和底细，你千万别表示一些什么，那样会卷入无聊的人际角斗之中。

不偏不倚，也可以说是中正之道。这还真是不少人做官处世的法宝呢。不偏不倚者，不得浮躁，超然于派系斗争之上，不过分亲谁、疏谁；不偏不倚者，良心不一定大大的好，但也要说得过去，见人搞阴谋活动，如无伤大雅尽量要装作视而不见，听人拨弄是非，也尽量要装聋子；不偏不倚者，也不是不讲原则，但在帮助好人时，对于坏人有些事也要帮些；不偏不倚者，得消磨掉棱角，少有个性，似人似鬼，让别人说去；不偏不倚者，绝不是消极软弱，因为只有这种人，进亦快，退亦快，见好就收，知足常乐。

由此看来，你只要做到不偏不倚，你的敌对面就会少。

淡定做人，宠辱不欺

人性的细节，一旦发挥过分，就会讨人嫌恶。不要过分地亲近或疏远任何人。既不要过于亲近比你高的尊贵的人，也不要过于疏远那些地位比较低的人，尽管人们的社会角色和社会地位不同，但都需要受到尊重，维护面子的精神需求是一致的。

如果你忘记这一事实，与他们交际时，对“重要人物”谦卑有加，而对其他人却毫不在意，则会刺伤后者的自尊，失去一大批人。

有这样一场家宴：宴席上坐着男主人、男主人单位的领导以及男主人的几位同事，圆桌上的酒菜已经摆得让人感觉十分满意了，可是，围着花布裙的主妇还是一个劲地上菜，嘴上直说：

“没有什么好吃的，请领导对付着用点！”

男主人则站起来，把领导面前吃得半空的菜盘撤掉，接过热菜又放在他面前，热情有余地给领导夹菜、添酒，而对其他同事只是敷衍地说声“请”。

面对这样“尊卑有别”的款待，试想男主人的几位同事将作何感想？他们很难堪，其中两位竟愤然起来，未等宴席结束，就“有事”告辞了。

像这样的宴席，男主人眼里只有当官的，而怠慢他人，使同事们的自尊心和面子受到损伤，非但不能增进主客间的友谊，反而会造成心理隔阂。

在处世时，过分亲近权势，人称势利眼。亲近权势大的，疏远权势小的，等于从中挑拨，必导致两势相争。

两者取其中，“公事公办”，不搞拉拉扯扯那一套，也不要把精力和心思花费在研究某某“背景”之上。

以权势视其关系亲疏，实则是亲一时，疏一世。凡是这样“套”来的亲，没有长久的。因为权势本身就不是永恒的，而是无常的，那么以此为筹码的亲疏一定不会长远，这是必然的。

但“权势”确实有用，这在“官本位”的社会思潮盛行时尤其如此，所以真正做到不以权势为标准来决定亲疏远近，十分了不起，那是真正“禅”透了，想开了。

汉代有一位非常有名的清廉又重义的人，叫朱晖。他在读书的时候偶然结识了一位大官张堪，恰是他的同乡。

张堪很器重他，但朱晖却因为自己只是一个大学士，不敢与之来往太密。有一次，张堪对朱晖说，你真是一个自持的人，值得信赖，我愿以身家妻子托付于你。朱晖因为张堪是一位德高望重的前辈，对此重言不晓得做什么反应，只是恭敬地拱手相应。

后来，张堪死了，身后没有留下什么丰厚遗产。朱晖其时早已与张堪无甚交往，但闻讯之后，感于张堪的知遇，竟千方百计地济以钱粮，前去嘘寒问暖。朱晖的儿子对他说："爸爸，我们以前并不曾听到你与张堪有什么厚交，你为何如此善待他的家人？"

朱晖回答说："张堪生前，曾对我有知己相托之言，我当时已有备于心。做人不能分其尊卑欺骗别人，更不能欺骗自己啊。"

尽管人们在社交中需要分清主次，有轻有重，不可能平均用力，等齐划一。但聪明的人，在保证"重点"的时候，绝不忽略"一般"。

比如，去某单位办事，恰巧遇见了三个都认识的人，都好久未见了，其中一位正是自己急于寻找求助办事的，你怎么对待呢？是抓住一人，不计其余，还是逐个关照，热情寒暄一番，然后和其他人说明情况，保证重点？当然选择后者。

再如你与单位的同事、领导相处，你是眼睛只盯着领导呢？还是在不得不首先与领导处好之余，再与同事们说一两句亲切的话？这里，除了技巧是必需的之外，根本问题是要一视同仁，"下眼皮不能肿"。

也许根本想不到，说不定你轻视的那个地位卑下的同事几年以后会有可能摇身一变，位高八尺呢！"十年河东，十年河西"，到那时，你肯定会为自己的厚此薄彼而后悔，更何况，在同事面前，你若过于有轻有重，尊高卑贱，别人也一定会为你的过分拙劣表演而不耻。

在当今社会，人际交往中流行一句口头禅："好使不？"即：有用吗？尊者，有用、好使则亲近；卑者，没用、不好使则疏远。这里的"好使"、"不好使"和权势固然有密切联系。趋炎附势者，都想直接从权势者那里获取什么功利。"好使"则亲，完全是急功近利，实用主义。人们议论某人实用主义作风，往往说他"尽拣有用的交"，就是这个意思。善于广交朋友，这未必不是好事，还说明此人有公关能力。但专拣有权的、有用的交，不交那些地位低下的无权无势的，与"好使"者亲，与无能者疏远，这就势必在亲情、友情、同志情、人情中夹杂了功利目的。

亲疏只要带上尊卑功利色彩，肯定会出现悲剧，假如人际关系中专以"好使"论亲疏，最终必然会导致弱肉强食，恃强凌弱。

智愚不显，难得糊涂

没有人不承认清朝大画家郑板桥是一位大智者，但他却有一方闲章："难得糊涂。"此章一经刻出，便立刻变成了某些人津津乐道的座右铭，仿佛有许多人生的禅机一下子从这四个字中折射出了哲学的光辉。

于是，这世上便有了糊涂哲学。

人活于世，显得太傻气不行，显得太聪明也不行。所谓“不智不愚”，其实就是假借糊涂之象行聪明之道的大哲学。

纵观世上那些有大智大慧的人，往往不在众人面前，尤其不在同行、同事或同伴面前显露才华，外表上好像很愚笨，其实，这既是一种至高的人生境界，又是人生之大谋略。

就智慧而言，这种人像风一样自由，无牵无挂，无拘无束，俗世的一切都在身外。就愚笨者而言，是在人前收敛自己的智慧，一副混混沌沌的样子。

在小事上常常不如一般人精明，应变能力好像差一些。

殊不知这正是城府很深的表现。韬光养晦，让人以为自己无能，让人忽视自己的存在，而在必要时，能够不动声色，以自己的智慧，先发制人，让别人失败了还不知是怎么回事！

明代大作家吕坤在《呻吟语》中说：“愚者人讥之，聪明者人疑之。聪明而愚，其大智也。夫《诗》云‘靡者不愚’，则知不愚非哲也。”用现在的话讲，意思是：愚蠢的人，别人会讥笑他；聪明的人，别人会怀疑他。只有聪明而看起来又愚笨的人，才是真正的大智者。《诗经》上也说“没有哲人犯傻的”，可见不犯傻的人并非真正的聪明人。

据说美国第九任总统威廉·亨利·哈里逊原出生在一个小镇上，他小时候是个文静怕羞的孩子，人们都把他看作傻瓜，常喜欢捉弄他。

他们经常把一枚5美分硬币和一枚1美元的硬币扔在他的面前，让他任意捡一个，威廉总是捡那个5分的，于是大家都嘲笑他。

有一天一位好心人问他：“难道你不知道1美元比5美分值钱吗？”

“当然知道。”

威廉慢条斯理地说，“不过，如果我捡了那个1美元的，恐怕他们就再没有兴趣扔钱给我了。”

还有宋太宗，他在北陪园饮酒，臣子孔守正和王荣侍奉酒宴。两个臣子喝得酩酊大醉，互相争吵不休，失去了臣下的礼节。内侍奏请太宗将二人抓起来送吏部去治罪，但是太宗却派人送他们回家去了。

第二天，他俩酒醒了，想起昨晚酒后在皇上面前失礼，十分后怕，一齐跪在金銮殿上向皇帝请罪。宋太宗微微一笑，说：

“昨晚，朕也喝醉了，不记得有这些事。”

宋太宗托词说自己也醉了，不但没有丢失皇帝的体面，而且使这两个臣子今后更忠心于自己。宋太宗装糊涂，既表现了大度，又收买了人心。

看来，做人不能太认真、太明白，即使是与人说理辩非也只需说到三分。有一位高僧写了一个处世之药方，教的是如何待人接物，写得很有意思，其中有：热心肠一副、温柔二片、说理三分等等。有聪明人可能会问：奇怪，这说理为什么是三分而不是十分呢？

“说理三分”，讲的其实是一种技巧。你若有理，聪明人一点就通，不用十分，三分就足够了，不必画蛇添足；碰到蠢人或一时走进死胡同的人，你再多费口舌也无用，何必执著，不妨假以时日，让他自己慢慢去领悟；至于蛮横汉，他本不讲理，你即使讲上十二分，也无异于对牛弹琴——岂止是对“牛”呢，说不定像在对“虎”弹琴，弹得“老虎”上了火，“呼哧”一声吞了你的小命！

“说理三分”，讲的也是宽容。人总有缺点，或多或少总有不周全的地方，他或许并不明白，你巧妙地说上几句，点到为止，确是与人为善，让他心存感激，若是穷追猛打，非要弄得人家连面子都留不住，只怕是两败俱伤。

老师在上写作课时常教学生一大诀窍：“含蓄不露，便是好处”，“用意十分，下语三分”，其实这也是做人一大诀窍，做人不能太露，太露了不可取。含蓄是一种大气、一种风度，真正会做人的人，总是含蓄的，总是懂得明明占理十分只说三分，总是记得“得理也让人”。

不过，做到这一点是很难的。人性的弱点之一是“一吐为快”，何况在理上的常常会不知不觉“理直气壮”起来。因此，许多人虽然有高僧所说“热心肠一副”，也自认为不乏“温柔二片”等等，却总成不了气候——常常就在这多说几句之中，将功劳一笔勾销了……

“说理三分”，实在是大智慧，大修养，大气度，大学问。

世上人人都愿做“智”者，对“愚”都是讳莫如深的。其实，这里所谓“愚”并不是傻里傻气，而是对“智”的荫蔽或荫护，是一种自我保全、不惹是非、不招忌妒的手段。

在为人处世上把握了“不智不愚”的分寸，可以减少许多不必要的烦恼。在我们身边，无论同事、邻里之间，甚至萍水相逢，不免会产生些摩擦，引起些烦恼，如若斤斤计较，患得患失，往往越想越气，这样很不利于身心健康，如做到遇事糊涂些，自然烦恼会少得多。

同时在为人处世上做到“不智不愚”还有利于消除隔阂，以图长远。《庄子》中有句话说得好：“人生天地之间，若白驹之过隙，忽然而已。”人生苦短，又何必为区区小事而耿耿于怀呢？即使“大事”，别人对你有愧之处，糊涂些，反而会感动人，从而改变人。公元200年10月的一天，官渡之战刚刚结束，曹军正在清点战果的时候，一位官员抱着一大捆信件，急忙忙地来向曹操汇报：袁绍仓皇逃走，扔下不少东西，其中有一批书信，是京城许都和曹营中的一些人，暗地里写给袁绍的。曹操接过信，翻了一下，这些信大都是吹捧袁绍的，有的干脆表示要离开曹营，投奔袁绍。

曹操的亲信看到这些信的内容，都很生气，有的说：“吃里爬外，这还了得！应该把他们抓起来。”

曹操微微一笑，说：“把这些信统统烧了。”

这个命令使在场的所有人都愣了，“不查了？”有人轻声地问。

“是的，不查了。”曹操说。不查内奸，似乎糊涂，但实质是精明。曹操这样做，那些暗通袁绍的人才把心里的一块大石头放下，旁人也觉得曹操度量大，愿意在他麾下效力。

当然，这里说的“不智不愚”决不是叫人浑浑噩噩，糊里糊涂，而是大事不糊涂，小事糊涂些。“责己也重以周，待人也轻以约”，有理也要让三分。

做人做事别太较真，人生的视野就会变得分外宽广，成功的旅途就会变得坦荡无垠。

不温不火，隐忍处世

不温不火是一种善于忍耐的处世之道。古人说：“忍人之所不能忍，才能为人所不能为。”

成熟老练的人素来将忍耐视为一种做人的分寸。

唐代大诗人白居易说：“孔子之忍饥，颜子之忍贫，闵子之忍寒，淮阴之忍辱，张公之忍居，娄公之忍侮；古之为圣为贤，建功树业，立身处世，未有不得力于忍也。凡遇不顺之境者其法诸。”

所以，学会忍耐很重要。

不过，当忍耐掺入了阴柔，变成了一种相安无事、与世无争、苟且偷安的处世哲学后，它就走向了反面。

因此，林语堂先生曾这样的批判：“遇事忍耐为中国人的崇高品质，凡对中国有所了解的人都不否认这一点。然而这种品质走得太远了，以致成了中国人的恶习：中国人已经容忍了许多西方人从来不能容忍的暴政、动荡不安和腐败的统治，他们似乎认为这些也是自然法则的组成部分。”

的确，如果让忍耐浓浓地烙上了保守、落后、安命不争、平庸满足、缺乏进取心、衰老退化、奴性、软弱、过于自卑等痕迹时，那么，这样的忍耐就变了味，一定叫人憋气，叫人难受，叫人窝囊，叫人痛苦……

那么，怎样才叫“会忍耐”呢？即什么叫能忍、会忍、善忍呢？

将忍耐作为一种谋略：“小不忍则乱大谋”是指忍的原则，“一忍可以抵百勇，一静可以制百动”是指忍的效果。老子关于祸福关系的论述，为后人广为传颂，那就是：“祸兮，福之所倚；福兮，祸之所伏。”因此，身处逆境，置身祸中，要学会忍，“百忍成钢”，在逆境中要学会忍，才能成就大事，忍得一时苦，方为人上人。孟子说：“天将降大任于斯人也，必先苦其心志，劳其筋骨，饿其体肤，空乏其身，行拂乱其所为。所以动心忍性，增益其所不能。”遭受一番苦难，忍一忍，熬过去，就可以接受天将降之大任了。在困境中要甘于承受一切，这种忍耐是一种达到某一种志向的手段，是为达到某种“大谋”的退却，绝不是为忍而忍。当人们将忍耐看做唯一的目的时，当忍耐变成逆来顺受、失去抗争时，这种忍耐就毫无积极意义了。

积极的忍耐，决不意味着人格的渺小，自我的萎缩，它只是将可贵的、独立的自我暂时“隐藏”起来，他仍在做默默地做自己想做的事。这种人的忍耐，软中透硬，柔中带刚，不以牺牲自己独立人格为代价，不奴性十足，不苟安偷生，不窝囊，也就没有失意之感。

忍耐还可作为保存自己力量的重要手段。当敌我之间的力量太悬殊、正义与邪恶之间的势力差距太大时，忍耐便作为一种最为明智的退却手段，不硬拼，不消磨自己的元气，将力量慢慢地蓄积起来。所以这种忍耐，决不是对传统的习惯势力、落后势力的妥协和投降，一旦时机成熟，羽毛丰了，翅膀硬了，爪子利了，就会乘其不备，猛然一击，让邪恶永不翻身。

《菜根谭》中有一句话：“处世让一步为高，退步即进步的根本；待人宽一分是福，利人实利己的根基。”忍住自己的私欲、怒火，实际上是帮助自己成就大业。

朋友，要想学会忍耐，学会不温不火的处世之道，应学学唐朝诗人张公的《百忍歌》——

百忍歌，歌百忍，忍是大人之气量，忍是君子之根本。

能忍夏不热，能忍冬不冷。

能忍贫亦乐，能忍寿亦长。

贵不忍则倾，富不忍则损。

不忍小事变大事，不忍善事终成恨。

父子不忍失慈孝，兄弟不忍失爱敬。

朋友不忍失义气，夫妇不忍多争竞。

刘伶败了名，只为酒不忍。

陈君灭了国，只为色不忍。

石崇破了家，只为财不忍。

如今犯罪人，都是不知忍。

古来创业人，谁个不是忍。

忍作为一种老到的处世方式，不等于消极躲避，不等于甘愿受欺。它是一种韬光养晦的斗争方式，也是一种韧性的战斗技巧。

软硬适中，立足人世

常言说“好汉不吃眼前亏”，在交际中遇到挫折时要能屈能伸，一语不中时要退而求其次。有软有硬方可做到出神入化。

软言软语，在一般正常情况下，多数人是能够做到的，问题是在特殊情况下，尤其是面对强辞利语或无端挑衅，用那样软言慢语就难以奏效了。人们往往有这样一种心理，遇到“冲人之言”，“忍了”觉得太窝囊、太软弱，于是，针尖对麦芒，高声大嗓，唇枪舌剑，交起锋来。这样做“硬”倒是硬了，“痛快”倒也痛快，但结果是火上浇油，矛盾升级，到头来问题没解决，反倒装了一肚子气。你看，如果针锋相对的“硬”，与那种软中有硬相比，哪个好一些呢？

一位从内地到广州出差的老人，在小货摊上被卖货的姑娘掏了腰包，几百元“外汇券”不翼而飞。货摊附近只有他们两人，明知此事与姑娘有关，但当他提及此事时，姑娘翻了脸，叫他到“公安局去告”！老人冷静一思索，没和她来硬的，他压低声音，恳求地说：“姑娘，我一下子买了你五六十元的东西，你怎么能这样对待我呢？我知道，你们做生意的，信誉要紧哪！”这话既有恳求，又有开导，还有暗示，最后一句意味深长，不能不使姑娘深思。

他进一步恳求道：“我从内地来，好不容易找些外汇券，托我买东西，丢了让我怎么交代？叫我到哪里换外汇券？你就替我仔细找找吧，或许忙乱中掉到衣服堆里去？我知道，你们做买卖的是最体谅人的！”终于，姑娘被说动了心，她就坡下驴，在衣服堆里找出了钱包，不好意思地交给了老人。这样，老人不但要回了钱包，也唤醒了一名青年的良知。

再比如，有这样一家公司，总经理脾气出奇的暴躁、执拗，相比之下，他的一个下属则显得温和，能让步，他们两个人可谓有软有硬。

谈判时，总经理先出面向对方宣布自己的条件，当然是一些难以接受的条件，谈判陷入僵局时，再由他的下属出面与对方谈，如果局面继续僵持不下，他的下属就会这样问："你们是现在和我谈呢，还是等着和我们经理谈呢？"

对方实在受不了经理的暴躁，只好和他的下属谈，而他的下属实际上也并未做出多少让步，该公司因此大占便宜。

在社会上，人们为了生活或为了生活得更好，总要与人争些什么，不管是争物质利益，还是争精神利益，或动脑力或动体力，或文或武，都应该讲一些"不软不硬"的分寸。

太硬了，激人过分，狗急跳墙，弄不好两败俱伤；太软了，"马善被人骑"，甚至让别人得寸进尺，无得有失，最好的办法就是不软不硬，或硬中有软，软中有硬，这是为人处世良好的分寸之一。

说话方与圆的方法

语言是一门综合性的学问，战争离不开枪炮，沟通离不开语言。脸热心跳、张口结舌、词不达意是一种表现；落落大方、侃侃而谈、应对自如是另一种表现。好的语言如同好的色彩，易让人感受到你的气质和为人，有效发挥沟通的作用。油嘴滑舌、夸夸其谈、哗众取宠不算口才好，说得到位、得体、巧妙，才算是掌握了这门学问。

提高自己的“语商”

“语商”的提高不是片面地学怎样说话，而是要从有意识地提高情商入手。

所谓语商，也就是指一个人的语言表达能力。一个人说话颠三倒四或词不达意是“语商”低下的表现，但还不至于造成大的危害，其另一种表现是总是在不恰当的场合说出不恰当的话，就会对其个人以及他所做的事造成很坏的影响。

有一位专家型的部门经理，从他的业务能力来看可以干更大的事，但当他在评价和安排员工的工作时，却经常让人不知所云。他要么说一些无关紧要的事情，要么喋喋不休，因此失去了晋升机会。还有一类人是对自己所干的事和所说的话不敢承担责任，因而失去了上司和员工的信任。

还有一家制造公司的部门经理，在他把事情弄糟以后，老板批评道：“这到底怎么回事？你把事情全弄糟了。”这位部门经理听了老板的批评后非常生气，立即辩解道：“一定是手下的员工误解了我的意图和要求，他们应该对这一后果承担主要责任。如果您对这个结果不大满意，也不应追究到我的头上。”这一回答显然让他的上司难以容忍。他的老板说道：“你承受不了责备，也不能保持冷静。不管是谁的错，你都应该去努力解决问题，但你的回答中丝毫看不出这一点。”后来，这位经理因此被免除了职务。

显然这些人都是因为自己语商较低，在试图证明自己具有很强的思考、评价和解释能力时，自断前程。他们给自己的上司、下属、合作伙伴和同事都留下了不好的印象。

在谈话中显示自己成功的自信，这并不是什么不好的行为，而且你也必须如此。但良好的言辞同自吹自擂有很大区别，关键在于你是否能以恰当的方式和技巧来表现。

当你表露自己的成功时，你所希望表达的信息不过是让他人知道你有多棒。但是你一定要注意：在传递这种信息时，必须坦率简洁。例如，如果你成功地为公司举办的一次新闻发布会写了一份报告，得到与会者的好评。你的喜悦与成功感也会溢于言表。这时，你大可不必说：“瞧，我做了一件多么了不起的事情。”相反，当上司称赞你时，你倒应显得更加沉稳：“这是公司分配给我的工作，是我应该完成的。”一个人的“语商”与他的情商有很大的关系，情商高的人大半能说会道，或者至少能把话说到点上，说的话能让人感觉舒服。所以“语商”的提高不是片面地学怎样说话，而是要从有意识地提高情商入手。

说话不仅仅是发出声音

用对了字眼不仅能打动人心，同时更能带出行动，而行动的结果便是展现出另一种人生。

词语是人说话的基本元素，我们从小学时候就要学习用词造句，现实生活中无时无刻不在用词造句。一个人词汇量丰富并善于运用，自然可以使自己的表达更加顺畅和有效。人们成年后往往忽视遣词造句方面的学习，就是因为看不到说话对一个人是何等重要。认为用词、造句都是学生们考试用的小把戏，从而造成这样一种现象：一方面努力想改变事情的结果，有的甚至也了解说话对于改变结果的意义，另一方面又不愿下工夫解决自己词汇贫乏的问题。

马克· 吐温说："恰当地用字极具威力，每当我们用对了字眼……我们的精神和肉体都会有很大的转变，就在电光石火之间。"

历史上许多伟大人物就是因为善于运用字眼的力量，大大地激励了人们。当帕特里克·亨利站在十三州代表之前慷慨激昂地说道："我不知道其他的人要怎么做，但就我而言，不自由，毋宁死。"这句话激发了几代美国人的决心，誓要推翻长久以来压迫在他们头上的苛政，结果造成燎原之火，美利坚合众国于此诞生。

美国一位伟人演讲道："当我们今天得以享受到充分的自由时，不要忘了独立宣言，虽然那没有几句话，却是二百多年来所给予我们每个人的保障。同样地，当我们这些年致力于种族平等时，不要忘了那也是因为某些字眼的组合而激发出来的行动所致，请问谁能忘记美国金恩博士打动人心的那一次演讲。他说道：'我有一个梦，期望有一天这个国家能真的站立起来，信守它立国的原则和精神……'"

当然，话语的影响力并不只限于美国。第二次世界大战期间，英国正处于风雨飘摇之际，有一个人的话激起了英国全民抵抗纳粹的决心，结果他们以无比的勇气挺过了最艰苦的时刻，打破了希特勒军队所向无敌的神话，这个人就是丘吉尔。

许多人都知道人类的历史就是由那些具有威力的话所写成的，然而却鲜有人知道那些伟人所拥有的语言力量却也能够在我们的身上找到。这能改变我们的情绪、振奋意志，乃至于有胆量面对一切的挑战，使人生过得丰富多彩。

我们在跟别人说话时常常用字十分谨慎，然而却不留意自己习惯用的字眼，殊不知我们所用的字眼会深深影响我们的情绪，也会影响我们的感受。因此，如果我们不能好好掌握怎样用字，如果我们随着以往的习惯继续不加选择地用字，很可能就会扭曲所历经的事实。譬如说当你要形容一件很了不起的成就时，用的字眼是“不错的成就”，那对你的情绪就很难造成兴奋的感觉，这全是因为你用了具有局限性的字眼所致。一个人若是只拥有有限的词汇，那么他就只能体验有限的情绪；反之，若是他拥有丰富的词汇，那就有如手中握着一个可以调出多种颜色的调色盘，可以尽情来挥洒你的人生经验，不仅为别人，更是为自己。

说出有感染力的话

形象生动的语言把无形变成有形，把概括变成具体，把枯燥变成生动，大大吸引了听众的注意力。

形象化的语言让听众的视觉、听觉、嗅觉、味觉都一起参加接收活动，大大增强了语言的感染力。此外，它也是构成其他语言风格的基本手段。

语言形象生动须做到如下几点：

（1）选用有色彩、有形象的语词。色彩词和形象词可将听觉形象转化为视觉形象，而视觉形象留给人的印象往往比听觉形象留下的印象更深刻。

（2）运用各种修辞手法，如比喻、拟人、夸张等。这些修辞手法可以用浅显通俗的事物或道理来说明比较复杂、抽象的事物或深奥难懂的道理。

（3）要注意寓理于事，将深刻的道理寓于具体事实之中。那种干巴巴的说教，往往使听者乏味。要学会善于运用生动典型的事例阐明事理，增强语言的魅力。

作家李准曾自负地说：“没有几下绝招，难以当个作家！我的看家本事是：三句话叫人落泪，三分钟过戏，把读者的心放在我手心里揉，叫他噙着眼泪还得笑！”

时逢“常香玉舞台生涯五十周年庆祝会”，文艺界名流齐来祝贺。专好插科打诨的电影导演谢添一把拉住李准说：“李准，我想当众考考你！你说三句话，能让常香玉哭一场，我才服你！”

李准皱皱眉，看看众人，摊摊手为难地对常香玉说：“香玉，你看看老谢！今天是你大喜的日子，他偏偏让你哭，这不是难为人吗？”常香玉说：“你今天能让我哭，算你真有本事！”

谢添说：“或者签字认输也行！”

李准依旧为难地说：“香玉，咱们能有今天，多不容易啊，论起来，你还是我的救命恩人哩！我十来岁那年，眼看逃荒的难民群到了西安，眼看人们都要饿死了，忽然有人喊：大唱家常香玉放饭了，河南人都去吃吧！哗——人们一下子都涌去了！我捧着粥，泪往心里流，想，日后见了这个救命恩人，我给她叩个头！哪想到‘文化大革命’中，你被押在大卡车上游街，让你‘坐飞机’！我站在一边，心里又在流泪，我真想喊一句，让我替替她吧，她是俺的救命恩人哪……”

“老李！你……别说了！”

常香玉猛然打断李准的话，捂住脸，转过身，满脸泪水滚下来，把手绢打湿了。

大厅里没有一点声息。众人望着李准，沉浸在他讲的故事里，忘记了这里在打赌，连谢添也轻轻吸了一下鼻子。李准能说哭常香玉，靠的除了真挚的感情，再就是形象生动的语言描述功底。有了这样的说话本事，自然更容易让别人接受你。

让自己的声音更有魅力

声音是一个人的个性特征之一，电话中我们往往能从对方声音判断出他是谁，同样，声音对语言有着强大的辅助作用。

对一个正常人来讲，其发音有 12 至 20 个音阶。当然，那些职业演员和歌唱家要更高一些，有的可达到 36 个音阶。但不幸的是，有些人的声音可能只有 5 个音阶，他们发出来的声音让人听起来就像一根弦在拨动，十分单调，令听者感到头脑发胀。由此可见，一个人发出的声音是否能吸引住谈话的对象，这对你的交往是否成功非常关键，在商务交往中更是如此。当你与他人讲话时，你所发出的每一个声音应首先给他人留下良好的印象，力求让人更好地了解你，更加充分地展示自己的征服力。

苏珊是一家广告公司的资深业务经理，她最关心和留意客户的销售问题，并总是乐于帮助他人解决难题，但她的声音却不怎么好听，那尖叫的声音就像一个小女孩发出的叫声。她的老板私下说，我很想提升她，但她的声音又尖又孩子气，让人感到她说的话缺乏真诚。我不得不找一个声音听来成熟果断的人来担任此职。显然，苏珊就是因为自己说话的音调不合适而失去了提升的机会。

事实上，一个人的声音不是一成不变的，通过一些技巧训练，可以克服你平时的一些怪癖和不良习惯，从而改善你说话时的语调、发音、音量、节奏和速度等：（1）为了更加准确地知道自己的声音，你可以将录音机放在电话旁边，听听你每天打电话时的声音。（2）请家人或朋友对你的声音作出一个真实的评述。（3）将你在停顿或静默时反复使用的语气词记下来，在今后的谈话中尽量避免使用。（4）进行发音训练。你可以在图书馆找到一些有关的书籍，针对自己的特点进行训练。或者找一些语言磁带和录像带进行训练。（5）进修一门公共言谈或演讲的课程。

总之，让我们变得更加成功的许多优异的东西不是与生俱来的，而是需要后天学习和训练的。声音就是这样，你试着改变一下，也许你会得到一个意想不到的结果。

语速适中，魅力无穷

在交谈过程中，要留意自己，说话是不是太快了？如果说话快而致字音不清，就会使人听了等于没听。

即使快而清楚，也不宜效仿。说话的目的在于使人全部明了，别人听不清，听不懂，就是浪费时间。我们要训练自己，讲话的声音要清楚，快慢要适中。说一句，人家就可听懂一句，不必再问。要清楚，陌生人或地位比你低的人是不敢一再请你重说的。

一家大报的广告部经理给一位语言培训专家打来电话，请他给其手下的一位员工保留一份工作，并向这位专家抱怨道："她已 40 多岁，并担任我的秘书 15 年之久，我很喜欢她的工作，可是她说话的速度快得令我紧张不安、思考无法跟上。几年前我不会像现在如此在意，可是随着工作压力与负担的加重，她的声音对我的刺激也愈来愈大。我并不想辞退她，可是要是她说话不放慢速度，我只好让她离开，以保持自己神志清醒。"

事实上，说话的快慢确实可以通过练习来调适，声音的调适具有双重因素，如果你说话的速度太快，下列几点可以使你减慢，反之亦然：

（1）从 1 数到 10，第一次 5 秒钟说完，第二次 10 秒，第三次 20 秒。（2）经常高声朗诵报纸上的文章，先用铅笔将你认为要连贯的字词做个记号，朗读时，同时移动铅笔，引导你的声音。要是你觉得自己平常说话的速度太慢，就加快一些；要是太快，就放慢些。（3）用录音机录音，然后倒回重放，检查自己的速度，是否流畅？是否跳跃停顿？（4）录下一些好的新闻报道，试着模仿播音员的播音。有时，我们还可以发现，即使是同一个国家的人，他们讲同一语言，不同地域的人说话的速度也不一样，某一速度对南方人十分恰当，但到了北方，就显得太快了。

有一位推销员，他发现自己经常无法把要说的话在限定的时间内说完。他发现自己最大的困难之一是如何组织自己应该说出的话。后来，他请教了一位语言专家，专家听了他的情况之后，建议他从学会调整自己的速度开始。在他开始练习调整声速之前，一般人只需要10分钟便可轻易讨论完的问题，他却要花15分钟。通过训练，他可以在10分钟内有效地讨论别人要花费20分钟的问题，最后他可以随意地加快或减慢速度。

一旦你控制住了自己的语言，它就会乖乖地听你驾驭了。你可以放慢自己的速度，以满足听众的需要。你可以根据一天的工作安排、听众的类别、当时的气氛等因素来调整自己说话的声音、说话的速度，以应付不同情景的需要。

善于运用肢体语言

我们的身体语言，如耸肩、挥手、跺脚等对我们的语言谈话有着极大的影响。自从孩提时代起，我们在学会说话的同时，就开始懂得如何去“读”懂他人的意思。例如，当我们做错了某一事情而看到父母满脸怒色时，我们会赶紧避而远之。而当我们成年以后，我们需要的是人类的相互作用，通过一些错综复杂的词语和手势，我们就能明白他人所示之意。

为了说服他人，为了与人交流，仅仅靠语言还远远不够。我们还必须借助于自己的面部表情、手势、肢体运动，以增强我们的口头表达效果。

有时，我们会将这些东西与语言结合起来使用。在我们说话时，可能会伴有点头、皱眉、耸肩或竖起大拇指等动作。

我们碰到困境时会迫使自己保持冷静，我们有时也会表现出自己的激情与幽默。当我们极度紧张、害怕，或充满爱慕之情时，我们可能会想尽力掩盖自己的感情，但事实上，我们无法控制的身体语言已将我们的内心表露无遗。

专家研究表明，视觉的影响不可低估和忽视。他们的调查显示：无论是两个私下谈话的人，还是一个在大庭广众之下的演讲者，有50%以上的信息是通过说话者的个人形象传递出来的，只有40%是经由性格和声色等来传递。他们调查的一个很有意思的结果是，与声音有关的因素比语言本身要更为重要，只有不足10%是受说话语言本身的影响。

还有些研究的结果更为惊人：在两个人的对话中，表达意思的方式中语言与非语言的比例为35：65。

正如面部表情可以向他人告知你的喜怒哀乐一样，如果你试图以一种单调乏味的声音说出自己要表达的内容，并且毫无面部表情，那听者一定会感到厌烦，而且你所传递的信息可能不会使他人真正理解。

专家们做过一次实验，当我们以一种与实际信息相反的非语言方式发出信息时，非语言表达的效果是语言效果的五倍。

如果以敌意的方式给出一种友好的信息，那让对方留有印象和保持记忆的不会是你所说的内容，而是你的表情。

因此，当我们要表达出一种十分准确的信息，而又担心会以一种不当的方式令人产生误解时，一定要对自己表现出来的表情和神态格外注意。

当我们皱眉、做怪相、微笑、目光呆滞时，都会给他人传递一种相关的信息，我们的身体语言，如耸肩、挥手、跺脚等对我们的语言谈话效果都有着极大的影响。

对狡辩者要义正词严

有些人说话嘴硬，但因为自己也知道事没做在理上，说话自然也气短，只是强词夺理而已，这时候只要你义正词严、针锋相对，保准他退避三舍。

上个世纪20年代初，冯玉祥将军任陕西督军，一天，美国亚洲古物调查团的安德里和一位英国人高士林私自到终南山打猎，打死了两头珍贵的野牛。他们洋洋自得，回到西安来见冯督军。

冯督军在帐篷内会见他们。他们十分得意地述说了行猎的收获，以为冯督军会赞赏他们的枪法，但冯督军听着听着眉头就皱了起来。冯督军问："你们到终南山打猎，和谁打过招呼？你们领到许可证没有？"

这两位洋人骄横惯了，根本不把冯督军放在眼里，他们十分傲慢地说："我们打的是无主野牛，所以不用通知任何人！

冯督军一听，更加生气，慷慨激愤地驳斥他们说："终南山是陕西的辖地，野牛是我国领土内的东西，怎么会是无主的呢？你们不通知地方官府，私自行猎，这是违法的行为，你们知道吗？"

他们不服，辩解说："我们此次到陕西，贵国外交部发给的护照上，明明写着准许携带猎枪字样，可见，我们行猎已蒙贵国政府的允许。怎么会是私自行猎呢？"

冯督军立即反问："准许你们携带猎枪，就是准许你们行猎吗？若是准许你们携带手枪，那你们岂不是要在中国境内随意杀人啰！"

美国人安德里自知理屈，便沉默不言，而英国人高士林仍狡辩说："我在中国已经15年，所到的地方从来没有不准许行猎的！再说，中国的法律里也没有不准行猎的条文。"

"中国法律上没有不准外国人行猎的条文，难道又具有准许外国人打猎的条文吗？"冯玉祥慷慨激昂地质问道，"你15年前没有遇到过官府禁止你行猎，那是他们睡着了。现在我们陕西的地方官，没有睡着。我负有国家和人民交托的保土维权之任，我就非禁止不可。"

在冯玉祥将军慷慨激昂的正义面前，两个外国人无言以对，只好低头认罪，并请求饶恕他们，以后再也不重犯。

有些时候，有的人因为有某种权势或优势便居高临下，盛气凌人，甚至以某种邪恶的手段践踏人间公理和社会公德，对付这种事也一样要义正词严，当堂断喝。因为不管坏人怎么坏，在公理和道德面前他们也会有所畏缩的。这就叫邪不压正。

当今社会也有一些不知深浅的人，好在公众场合聚众闹事，一方面污辱人格，一方面寻衅滋事，对于这种人也要毫不客气，予以痛击。

中纪委常委刘丽英到某县查处一起案件，驱车返回时，突然被300多名闹事的群众拦住了汽车。在一些人的煽动下，不明真相的群众要求公布调查结果，有的甚至谩骂动手。

在这种群情激奋的情况下，靠一般讲理是无济于事的。于是她来了个下马威，面对乱哄哄的人群，用十分威严的口气大喝道："我是奉命来执行任务的，不是来发动群众的，村有村规，国有国法。法律不允许把调查的情况公开，你们的要求是无理的。你们辱骂国家的办案人员，拦截车辆，妨碍公务，也是法律不允许的。"

接着刘丽英义正词严地介绍了《民法》、《刑法》，说明了妨碍公务罪等法律内容。刘丽英以法律为武器，一声棒喝，把闹事群众震慑住了。

在你洞明对方故意要弄手腕欲寻衅挑事时，就可抓住要害，先发制人，开门见山，旗帜鲜明地亮出自己的观点。这不啻于给对方以"当头棒喝"，给他一个下马威，制服对方，从而避免冲撞的发生或升级。

总之，只要你站在正义的一方，大可不必怕这怕那不敢说话，而是应大胆地说清事实，摆明道理，让他气短，让他理亏，最后让他服输认错。

对傲慢者要挫其锐气

面对一些头脑发昏、狂妄至极者，采用强硬的态度，严厉的言辞，予以坚决的反击，就可以压倒对方，创造奇迹。

有些地位高高在上的人，平常颐指气使惯了，对什么人说话都显得傲慢无礼，但并不是所有人都能接受这种傲慢。那么怎么才能在跟这种人交往过程中让其傲慢有所收敛，使自己得到起码的尊重呢？

东周时期，齐宣王是个骄横、喜欢虚荣的人，据《战国策》记载，有一次齐宣王召见颜蜀，便碰了一个铁钉子。

齐宣王坐在自己的位子上，露出骄横之态呼道：“蜀，走过来！”

颜蜀对此很不满。他也学着齐宣王那高贵的样子，竟然对齐宣王呼道：“王，走过来！”

齐宣王气得发抖。

左右侍臣慌了，对他呵斥道：“王是人君，你是人臣，王叫你走过来，天经地义；你叫王走过来，难道可以吗？”

颜蜀不慌不忙地辩道：“若论道理应该可以。我若走过去，是仰慕王的势利；而我呼王过来，则是让王表示趋奉贤士。我觉得与其让我做仰慕势利之人，倒不如让王做趋奉贤士的好君王！”

齐宣王尽管心里明白，但面对颜蜀这等爱君爱国的高论也不好发作。一场险情就这样过去了。

这里，颜蜀如果对齐宣王的骄横无礼忍气吞声，则作为以清高自命的士人很没有面子，这时候你和颜悦色地要求、请求、哀求他的尊重恐怕只会为其所耻笑。但是宣王毕竟是一国国君，掌握生杀予夺的大权，仅仅做到以其人之道还治其人之身恐怕不仅说服不了他还会为其所害，所以，颜蜀的说话技巧是先以硬话给其当头一棒，让其警醒——哦，这个人跟一般人不一样！接下来就要做出合理的解释，让他明白并接受“我需要得到尊重”这一主观诉求，目的才算达到。由此可见，硬气，在这种情境下是说话技巧的第一步，接下来的以理服人才更关键。

但如果你的地位与其相当，则不必顾忌那么多，大可只顾一棒子将其打醒即可。

民国时大汉奸汪精卫有一个被称为“女狂人”的性格乖戾狂暴的老婆——陈璧君。说她又狂又怪，实在一点不过分：她会对上门的客人颐指气使，让客人给她拿这样拿那样，要客人低三下四地侍候她，她会叫汪精卫的秘书老爷们去做那些老妈子丫头们做的事，例如买出恭用的草纸等。有时，她怪脾气一发，就非得要那些秘书老爷们亲自出马，立即办到不可。她甚至会当着许多客人的面，大叫一声：“我要吐痰了，秘书给我捧痰盂！”要是秘书出手稍迟一点，就会遭她臭骂一顿，而且骂人时手指会直指对方的鼻子，更有甚者，有时竟做出要客人为她捧痰盂，让她吐痰的事来。如果客人不答应，她非骂个狗血喷头不可，连祖宗八代都会骂到。

有一次，这“女狂人”的“狂”性竟发到革命元勋廖仲恺先生的夫人何香凝的头上来了。那次，何香凝正在汪家与陈璧君交谈，陈忽然喉咙发痒，想要吐痰，居然随口而出，狂妄无忌地对何香凝大声喝道：“拿痰盂来，老娘要吐痰！”被国人尊称为革命母亲的德高望重的何香凝，性格刚烈，怎能受此奇辱！她满面怒色，拍案而起，厉声痛骂道：“你是个什么东西，竟要我为你捧痰盂？”

“女狂人”狂昏了的头脑，像被泼了一盆冷水，面对正义凛然、气宇轩昂的何香凝，她愣住了。

何香凝双目圆睁，用手直指惊呆了的“女狂人”的鼻子，来个“以牙还牙”，学陈璧君的腔调，声色俱厉地大喝一声：“我要吐痰了！陈璧君，你快为我捧痰盂来！”这话如同一声惊雷，陈璧君呆若木鸡，双眼直竖，两手发抖，不知如何回答是好。

何香凝紧追不放，提高嗓门，加重语气，严厉地说道：“你算个什么东西！敢这样放肆？老实说，无论从哪一方面看，我都有资格要你做这事！快去！”

陈璧君尽管“狂”，这时却被何香凝声色俱厉的痛斥慑服了。她哭丧着脸，惶惶如丧家之犬，连哭带叫地溜走了。

由此可见，面对一些头脑发昏、狂妄至极者，采用强硬的态度，严厉的言辞，予以坚决的反击，就可以压倒对方，赢得胜利。

找出对方的软肋

有的人处于有利地位，认为只要自己提出要求，别人的东西就会如愿成为自己的囊中之物。对这种人你实力不济，要从实力上见真章自然不行，应该意识到，他能威胁你，靠的是实力，而你也一定可以找到可以威胁到他的软肋。你以硬气的态度发出威胁，就可能达到挫其锐气的目的。

战国时代，各国争雄，互相侵扰，为了使自己立于不败之地，一大批善于辞令的谋臣辩士便应运而生。

一天，秦王派人去告诉安陵君：秦国愿意用土地500里来换安陵。安陵君说：“承蒙大王照顾，用大的换小的，真是好极了！不过，我们的土地是祖先传下来的，我不敢调换。”秦王知道后很不高兴。为了说服秦王，安陵君派唐雎出使秦国。唐雎来到秦国，拜见秦王。秦王十分傲慢地对唐雎说：“我用500里的地方来换安陵，安陵君却拒绝我，这是什么理？况且，秦国已经灭掉韩国、魏国，安陵君只有50里的地方却偏偏存在，是因为他是个谨慎的人，我没有把他放在心上的缘故。如今我用十倍的土地来扩大安陵君的地盘，他却违抗我，这不是轻视我吗？”

唐雎说：“不，不是这样。安陵君从祖宗那里继承的土地要永远保住它，即使拿1000里土地也不敢调换，何况只500里呢？

秦王听了甚为恼怒，说：“你可曾听说过天子发怒吗？”

唐雎说：“我没有听说过。”

秦王说：“天子一发怒，会使百万尸首横地，鲜血流淌千里！”

唐雎说：“大王可曾听过布衣之士发怒吗？”

秦王说：“布衣之士发怒，想来也不过是扔掉帽子，空手赤脚，用脑袋撞地罢了！”

唐雎说：“这是常人的发怒，不是士人的发怒。如果布衣之士非要发怒不可，倒在地上的尸体虽只两具，流血不过五步，可是天下的人都要穿上丧服。现在是时候了！”说完，拔出宝剑，跃起身来。

秦王吓得变了脸色，耸身长跪，向唐雎道歉，说：“先生请坐。我明白了，韩、魏两国所以灭亡，而安陵只有50里还能存在，就因为有先生你在啊！”秦王用500里换安陵君的50里领地，显然是个政治阴谋：安陵君如果同意交换，500里地很显然不能到手，反而失去了祖传的“根据地”；如果不同意交换，则背上了违抗和轻视秦国的罪名，也会被吞并，安陵君岌岌可危！然而先秦时代，“三寸之舌，强于百万之师”。唐雎胸有成竹，以布衣之士发怒相对，用“倒地尸体两具”对“百万尸首横地”，用“流血不过五步”对“鲜血流淌千里”，结果是士人之怒会使天下人都要穿丧服，同时拔剑跃身，宣称“是时候了！”吓得秦王连连道歉，放弃了侵吞安陵的计划。没有唐雎的针锋相对，安陵君怎么能自保呢？说“硬”话主要不是去批驳对方论点的错误，指责对方的可笑或荒谬，而是用与其方论相类、相对或相反的论点去制服对方，兵来将挡，水来土掩，寸土不让，占据制高点，这样就能居高临下，势如破竹，威震对方。

例如有一次孙中山先生在访友途中，遇到一位卖假药的郎中，该人自诩其药丹有神效。路人围观如堵，中山先生恐人受骗，当众揭发他的药足以害人，众皆哗然。

这江湖客见对方不过是年轻学生，居然敢来挑衅，极为愤怒，随手捡起一块石头，凶狠地对他说：“你信不信，我将你的脚当场打断，再为你整好。”

其时，先生身着蓝布宽袖长衫，反背双手，右手拿着半截甘蔗，一时急中生智，将它藏入袖内，举起来对准江湖客说："这有什么稀奇，看我先一枪打碎你的脑袋，再来将你整好。"对方一听，真被唬住了，他搞不清孙中山先生的底细，信以为真，一时惊惶失措，经众人劝解才罢。

后发制人，效果奇佳

无赖式的人和事恐怕谁都遇到过。有些人做事钻进脑袋不顾腚，一副泼皮架势。而且这种人很善于虚张声势，无理还要搅三分，总想着靠一上来的气势镇住对方或者干脆死磨硬泡，能赖就赖。对付这样的无赖就得分清情况，区别对待。

"嗨，棉毛衫，每件4元！"一汉子的高声吆喝，吸引一女青年从其摊位上挑了一件。她付了款，转身欲走，那汉子急忙拦住曰："哎，还差6元。"女青年大惑不解："每件4元，我只要了一件，不是已经付给你4元了吗？"那汉子狡黠地一笑："哪里哟，我喊的是'每件10元'。"女青年愤然道："我明明听的是'4元'，现在你又说'10元'，这不是存心欺骗吗？"那汉子眼睛凶狠地一瞪，大吼道："谁欺骗你了？我喊的就是10元！"女青年有些惶恐，瑟瑟地说："10元？那我不要了，退钱给我吧。"那汉子更了不得，气势汹汹地指着女青年："你要耍我？今天我还没开张，你就要触我的霉头？休想！说要就得要！快点，再补6元来！"那神情，似乎要把女青年一口吞下。

不料女青年不急不忙反倒哈哈大笑起来：

"你吓唬谁呀？你自己看看，这种棉毛衫，能值10元吗？给你4元，都已经抬举你了。"

"我要的是10元，你为啥给4元？"

"我听见你喊的就是4元。从目前的行市来说，顶多也就这个价。"

"我喊的就是10元，你自己听错了，你怪谁。"

"'4'和'10'，在声音上是有明显区别的。如果要存心敲诈顾客，故意混淆它们在发音上的某些近似，即使占点便宜也只能得逞一时，最终还是会吃亏。"

"谁敲诈了？我吃亏不吃亏，关你啥事？"

"啊哟，你做生意难道不是为了赚钱？要赚钱，最起码的一点，就得讲信誉。硬要把'4'说成是'10'，这不是敲诈是什么？不顾信誉。你生意还做得下去吗？今天我就是给了你10元，看你还能敲诈得了第二个吗？"

"我……我喊的，是10……10……元。"

"现在，不管你喊的是'4元'，还是'10元'，市场的买卖双方，都是依质论价的。像这种棉毛衫，如果你喊10元，我绝不会买，可以说，任何人都不会买。这一点，你是比我更明白的。”

“真……的，我喊的是……10元，你又没还价，就表明你同意我喊的价了。”

“好，就算你喊的是10元。我付4元给你，就表明我认为它只值这个价，这难道不是一种具体的、实实在在的还价吗？还用得着多说话吗？要是你觉得不合算，你可以不卖；同样，你硬要10元，我也可以不买。这是市场交易的起码原则。强买、强卖，都是违法的。你想去工商所的话，我陪你！”

“好好好，便宜你了，算我倒霉。”

女青年力挽狂澜是因为她瞅准了，大凡无赖怕什么——一怕理，二怕法。不难看出，开始时，由于那汉子的无赖，使她处于困境之中。但她坚信自己并没有听错，对手是在敲诈，很快就调整好自己的战术：只有坚定不移地揭露他，击中他的要害，并以法律为自己撑腰，才能扭转颓势，战而胜之。

刚中有柔，绵里藏针

有些时候对某些对象，光来硬的会激其死抗硬顶，光来软的他又会欺你无能，这就需要软的硬的一起上，软中带硬，硬中带软，通过权衡作出选择。这是说话方圆之道最典型的应用。

箭在弦上，不得不发，生活中有人因为不得已而一头撞南墙或铤而走险，如果不能及时制止，往往就会给社会及个人带来预想不到的危害。所以针对这种状况下的人应晓之以理，动之以情，让他们尽快地放弃不正当的想法和行为。而劝其放弃错误行为的最佳方法便是软硬两手一起上。

在康熙年间，三藩作乱，吴三桂手下有一员战将韩大任，率部在湖南与清军作战失利后退到福建准备攻打汀州。

当时在福建与叛军作战的清军统帅康王杰书欲发兵武力进剿。这时，康王的属下吴兴祚出来反对发兵进剿，主张招抚。此人见多识广，口若悬河，很得康王信任，康王也考虑到兵力不足，于是便采纳吴兴祚的意见，派吴前往叛军驻地招抚韩大任。

吴兴祚带了几个随从，快马加鞭来到叛军驻地。他一见到韩大任，便号啕大哭起来，把韩大任搞个莫名其妙，忙问缘由。吴兴祚面带悲伤开诚布公地说：“我这次是专为吊唁您而来的，叫我怎能不哭？”韩大任忙问：“你说这话是什么意思？”吴兴祚不慌不忙地回答说：“将军您所以威行天下，是由于吴王对您格外器重。现在吴王把兵权交给您，深信不疑，实指望您建功立业，广占天下，可是您几年却寸功未建，损失惨重，吴王现在还能看重您吗？现在您又冒险准备攻打汀州，可汀州守军早已严阵以待，您觉得以疲惫之师攻打精锐军队能够打胜吗？如果一旦战败，吴王还能原谅您吗？所以我说将军死期已近，前来预先吊唁。”听完吴兴祚的一席话，韩大任低头不语，沉默片刻，韩大任问吴兴祚：“你看我归顺康王怎么样？”吴兴祚一看时机已经成熟，忙说：“我这次来就是受康王的委派来劝说将军归顺的，将军如能够弃暗投明归顺国家，当是建功立业的绝好时机。”一番话终于说服了韩大任，使韩大任带领数万军队归附了朝廷。

铤而走险的人大多都有后悔之意，只不过在没有退路的前提下才不得已而为之，如果你能晓以利害，并加以安抚，一般情况下是都能诱导成功的。

1977 年 8 月，克罗地亚人劫持了美国环球公司从纽约拉瓜得机场至芝加哥奥赫本的一架班机，在与机组人员僵持不下之时，飞机兜了一个大圈，越过蒙特利尔、纽芬兰，最终降落在巴黎戴高乐机场。在这里，法国警察打瘪了飞机的轮胎。

飞机停了 3 天，劫机者同警方僵持不下，法国警方向劫机者发出最后通牒：“喂，伙计们！你们能够做你们想做的任何事情，但美国警察已到了。如果你们放下武器同他们一块回美国去，你们将会被判处不超过 2 至 4 年徒刑。这也可能意味着你们也许在 10 个月内释放。”

法国警察停顿片刻，目的是让劫机者将这些话听进去。接着又喊：“但是，我们不得不逮捕你们的话，按我们的法律，你们将被判死刑，那么你们愿意走哪条路呢？”劫机者被迫投降了。

本例中的劫机者一方面因为机组人员的抗衡和警方的追捕而无法达到预定的目的，另一方面由于不清楚警方的态度而不敢轻易放下武器，陷入了进退两难的痛苦局面。法国警察在劝说中明确地向对方指出了两条道路：投降或者顽抗，投降的结果是 10 个月左右的徒刑，而顽抗的结果只能是死刑。面对这两条迥异的道路，早已心慌意乱的劫机者识相地选择了弃械投降。

对铤而走险者最忌的一招就是不留退路。俗话说一不做，二不休，搬倒葫芦撒了油，兔子急了还咬人，何况人呢。所以，说话办事中，凡遇有一头撞南墙的人切记不可把话说绝，否则物极必反，会把一个本来可以有挽救余地的人或事逼向绝路。

因势利导可谓“方”得其所

我们说“啃硬骨头”，是指说话的对象已经跟你站在了敌对面。要说服“敌人”更要讲究说话的技巧，这时候就可以用一些不软不硬的话，因势利导，让他顺着自己的思路来思考问题，最终让对方得出自己想要的结论。

有一年楚国攻打吴国，吴国势单力薄，吴王派沮卫给楚军送一份厚礼，顺便了解一点军情。谁知沮卫被楚兵抓住了，把他绑得紧紧的，说要杀了他，拿来衅鼓（古时杀牲口，用其血涂新鼓上的缝隙）。

面对死神，沮卫不慌不忙，面无惧色。楚将惊奇地问他：“你出发前占卜过吗？”

“占卜过的。”

“吉凶如何？”楚将望着被五花大绑的沮卫，洋洋得意地问道。

“大吉。”沮卫的答案正和楚将问话的原意相反。

楚将高声大笑：“如今就要杀掉你了，还有什么大吉啊！”

沮卫的答话仍和楚将想的完全相反：“吴王派我来，目的就是要试探你们的态度。如果你们对我以礼相待，那么，吴国就会放松戒备；如果你们杀了我，还拿我的血衅鼓，吴国一定会百倍警惕。这对吴国不正是件天大的好事吗？”

“然而你自己完蛋啦，这怎么能说是大吉呢？”楚将追问道。

沮卫的第三次应答还是和问者的意思相反：“我占卜是问国家前途，并非为我个人。如果杀了我就能保全整个国家，这怎么不是大吉呢？更何况人死了便没有知觉了，拿我来衅鼓对你们有何好处？要是人死了仍有灵魂，那么，我肯定要附在你们的鼓上，在战斗最激烈的时候显灵，让你们的战鼓发不出响声，使你们一败涂地！”

楚将听了束手无策，思考再三，感到杀沮卫衅鼓的确一无好处，只得长叹一声说：“算了，放了他吧！”

沮卫以不软不硬的说话技巧保住了自己的性命。当然并不是非要在性命攸关的时候才使用这一技巧，其要点是让对方觉察不到你的硬与软，而硬与软这两手都已经包含在你的娓娓劝导中了。

说话原则宜方，说话方式宜圆

硬骨头者有时候跟你也是一家人，只是他一时转不过弯来而固执己见。如果只是一些鸡毛蒜皮的小事，当然可以任他固执，不理他就是了。如果他的固执会耽误事，那么再硬的骨头也得上去啃一啃。这时最好的办法不是跟他争个谁对谁错，而是从他的观点入手，先顺着他说，在这个过程中分析利弊，并适时地以情感打动他，让他自己否定自己。

战国时期，赵太后刚刚掌权做一国之主，秦国就加紧向赵国进攻。赵国向齐国求救，齐国提出要以赵太后的小儿子长安君为人质，才肯出兵救赵。做母亲的赵太后，不愿意让自己的爱子当人质，这当然也是人之常情。因而，对于大臣们的反复规劝，太后大为恼怒，对臣下说："你们哪个再来劝我送长安君当人质，我唾他一脸口水。"左师触龙为了国泰民安，求齐救赵，又必须在太后的火头上去说服这一国之主。于是，他就采用以情感人的办法。见了太后之后，开始时，对于送长安君当人质的事他一字不提，而是委婉地询问太后的饮食，关怀体贴地寒暄后，在太后"色少解"的心境下，又提出愿送自己年仅15岁的小儿子入宫做卫士，并说自己年迈，对小儿子十分喜爱云云。当太后问他："你们男人也爱怜小儿子吗？"触龙答道："爱得比妇人还要厉害哩。"太后笑着说道："我看还是妇人爱得厉害吧。"至此，老人爱子之心在双方情感上得到交融，触龙成功地化解了太后的怒气，引发其情感的渠道，就是说有了共同的语言，创设了沟通情感的情景。接着，触龙又巧妙地将与太后的谈话引向长安君，他对太后说："老臣私下认为太后疼爱燕后胜过长安君多啦。"太后说："你错了。我疼爱她哪里比得上长安君。"这样的回答，正中触龙下怀，他正是要由此生发谈论爱子原则来劝太后的。接过话头，触龙说："父母疼爱子女，要替他们做长远打算。您老人家送燕后出嫁的时候，抚摸着她的全身哭个不休，为她嫁得太远而感到悲伤，真够心疼的。燕后走了以后，您并不是不想念她啊，但每当祭祀，总要替她祝福、祈祷千万不要让她返国！这还不是替她做长远打算，希望她有子子孙孙，不断承继王位吗？"触龙的说法，是从情感上对太后的做法给以赞许，太后听了，心里觉得很受用，就点头表示赞同，说："是这样的。"触龙继续把话题引申，他问太后："从现在起算到三代以前，甚至算到赵氏开始建国的时候，赵王的子孙能够累代封侯至今不绝的还有吗？"太后说："没有了。"触龙又问道："不光是赵国，就是别国子孙后代继续不断封侯的还有吗？"太后道："我不曾听说。"至此，触龙已将太后的情感完全引到了自己的话题上，于是，他开始以情理交融的攻心战，向太后发起了进攻。触龙说："这些人啊，近一些的呢，是自身遭到不幸；远一些的呢，还要累及子孙，难道是因为这些封了侯的子孙本身个个不行吗？只是因为他们地位虽高，却没有建立什么功勋，俸禄虽多，却没有什么劳绩，而且还拥有大量的金银财宝。如果太后抬高长安君的地位，给他肥沃的封地，赏赐很多财宝，而不让他及时为国立功，一旦太后去世，长安君怎能在赵国站得住脚呀！我以为太后替长安君打算得不够长远，所以说你疼爱他还比不上疼爱燕后！"太后终于为触龙的情理所打动，说："哦，那就听你的安排吧。”至此，触龙完成了说服过程，太后接受了建议，派长安君去齐国做了人质。

心理学认为，人有认知过程和情感过程，即理性世界和情感世界。情感是沟通的桥梁，在论辩中，善于并巧妙地运用情感技巧，动之以情，晓之以理，就能征服对手，征服听众，使他们不由自主地成为情感的“俘虏”。我国唐代大诗人白居易所说的“动人心者莫先于情”，说的也是这个道理。在上面这个例子中，触龙就是以情为先，攻心为上，以自身的情感优势化解赵太后的怒火，将谈话的内容引入自己巧妙选择的“情感战场”，以情寓理，情理交融，进而说服太后接受了建议，取得论辩的成功。

以方圆之道对付第三者

如今第三者插足的电视剧常见于荧屏，我们看到妻子发现第三者的迹象后，对丈夫不依不饶，对情敌恶语相向，结果十有八九是把只是逢场作戏或一时冲动惹上情债的丈夫推向了第三者一边。也难怪，即使妻子能冷静处理，情场上想把情敌说退谈何容易，这就需要掌握一些特定的说话技巧。

何莉是一家大报的记者，事业心比较强，经常要出去采访，回到家里又忙着家务和工作，和丈夫的交流有所减少。

有一天，何莉没出差，难得一家人都在一起度周末。儿子忽然问：“妈妈，怎么你在家里，林阿姨就不来玩了？”

“林阿姨是谁？”何莉问丈夫。

“是我们单位刚分来的大学生。”丈夫脸有点红不好意思地说。

何莉没有再追问了，只是哄着儿子说：“下次我们请林阿姨来玩，好吗？”何莉想想自己对丈夫如此信赖，可他竟……思前想后，心里很难受。真想和丈夫大吵一顿，或者离婚算了。

过了一会，何莉情绪冷静多了，认识到自己经常在外，对儿子和丈夫照顾很不够。何况自己并不能肯定丈夫和林的关系。如果不分青红皂白和丈夫闹，倒显得自己没理了。

晚饭，她今天特别地没让保姆做，自己麻利地弄了几个丈夫最爱吃的菜。晚上，她把孩子哄睡之后，偎着丈夫，轻轻地说：“我经常外出采访，让你一个人在家带孩子，实在太难为你了。我不在时你肯定好寂寞，就像我孤零零一个人睡在旅馆里一样。现在我靠在你身上才觉得好踏实，没有你的支持，我的工作一天也做不好。”丈夫一声不吭，怜爱地抚摸着何莉的头。

何莉轻问："我们周末一起请她来吃晚饭好吗？"丈夫面有难色。

"你还不放心我吗，我不会让你为难的，更不会为难她。"

周末，何莉又一次亲自下厨。林来了，何莉热情地款待了她。临走时，何莉特地让丈夫看孩子，自己独自一人把林送下楼，拉着她的手说："怪我自己太工作狂了，对周（何莉的丈夫）缺乏照顾，谢谢你常来带我们宝宝玩，也帮着照顾小周。看你这样温柔可爱，不知道哪个小伙会有福气娶到你。好了，不远送了，有空欢迎常来玩。"一席话让林又是感激又是惭愧。

后来，林找了个帅气的男友，他们与何莉夫妇都成了好朋友。

两个有情人经过热恋组成了家庭，标志两人的关系有了实质性的变化，但这并非意味着两个人的爱情进入了保险箱，爱情之花仍然需要精心照顾。

现在，异性之间的交往越来越多，婚外恋作为一个问题提到了夫妇双方的面前。这里说一下作为一位妻子如何看待这些事情呢？

首先，要信任丈夫，这也是对自己有信心的表现，夫妻之间相互信任是不可缺少的一种美德，同时也是维持双方良好情感的前提条件之一。相反地，猜疑只会增加彼此的隔阂。如果不分青红皂白，妻子一味地猜疑、指责丈夫，反而容易把丈夫推向别人的怀抱。

但是，也不能对丈夫和异性的交往过于粗心大意，要学会帮助丈夫把握好交往的尺度。有时夫妻两地分居或经常分离也容易给人以可乘之机。

何莉面对丈夫和林的暧昧关系，没有失去理智，大吵大闹，"家丑外扬"，而是给双方都留下了面子。

面对丈夫，何莉以情动人，首先向丈夫道歉：自己工作太忙，没有尽到妻子和母亲的责任。同时也表示：自己出差在外也很辛苦、寂寞，很思念家。

何莉对小林说的一番话，则是绵里藏针，既热情又礼貌，同时也暗示对方小周是有妇之人，让对方把握好交往的尺度。

抓住破绽，驳倒对方

做老实人说老实话，本来应该是一条为人处世的准则，但若一味地老实宽厚，反倒会迁就纵容别人不适当的言行，所以，面对别人的无礼攻击和嘲笑挖苦，我们一定要学会适当地反击，维护自己的利益和尊严。

一个吝啬的老板叫伙计去买酒，却没有给钱，他说："用钱买酒，这是谁都能办到的；如果不花钱买酒，那才是有能耐的人。"

一会儿，伙计提着空瓶回来了。老板十分恼火，责骂道：

"你让我喝什么？"

伙计不慌不忙地回答说：

"从有酒的瓶里喝到酒，这是谁都能办到的；如果能从空瓶里喝到酒，那才是真正有能耐的人。"

显然，老板只是想占伙计的便宜，如果伙计不能有效地反驳他荒谬的论调，就有可能遭到老板的严厉训斥，或者是自己贴钱给老板买酒，无论如何吃亏的人都是他自己，没准儿还会助长老板的嚣张气焰。

在现实生活中，如果我们遇到了这样无理取闹，蛮不讲理的人，也一定要据理力争，适当反驳，切不可一味地任其摆布。那么，具体应该如何去反击这种无理取闹的行为，让对方承认自己的错误呢？首先要控制自己的情绪，以"骤然临之而不惊，无故加之而不怒"的大丈夫的涵养与气量，在气势上镇住对方。然后要冷静考虑对策，从中选出最佳方案，以免做出莽撞之举。最后还要选准打击点，反击力要猛，一下子就使对方哑口无言。

著名诗人马雅可夫斯基才华横溢，又具有很强的个性和正义感。他看不惯并不能容忍一切腐败现象，就对此进行猛烈的抨击，但一切依然如故，有时候他还会受到对方的嘲笑和挖苦。即便如此，马雅可夫斯基仍然会坚持自己的立场，对于一切攻击进行尖锐的驳斥。

在一次演讲中，他刚讲完一个笑话，忽然有人喊道："您讲的笑话我不懂！"

"您莫非是长颈鹿！"马雅可夫斯基感叹道，"只有长颈鹿才可能星期一浸湿了脚，到星期六才能感觉到呢！"

"我应当提醒你，马雅可夫斯基同志，"一个矮胖子挤到主席台上嚷道，"拿破仑有一句名言：从伟大到可笑，只有一步之差！"

"不错，从伟大到可笑，只有一步之差。"他边说边用手指着自己和那个胖子。诗人接着回答听众递上来的问题。"马雅可夫斯基同志，您今天晚上得了多少钱啊？"

"这与您有何相干？您反正是分文不掏的！"

"您的诗太骇人听闻了，这些诗是短命的，明天就会完蛋，您本人也会被忘却，您不会成为不朽的人。"

"请您过一千年后再来，到那时我们再谈吧！"

"马雅可夫斯基，您为什么喜欢自夸？"

"我的一个中学同学舍科斯皮尔经常劝我：你要只讲自己的优点，缺点留给你的朋友去讲！"

“这句话您在哈尔科夫已经讲过了！”一个人从他座上站起来喊道。

“看来，”诗人平静地说，“这个同志是来作证的。”诗人用目光扫视了一下大厅，又说道，“我真不知道，您到处在陪伴着我。”

一张纸条上说：“您说，有时应当把沾满尘土的传统和习惯从自己身上洗掉，那么您既然需要洗脸，这就是说，您也是肮脏的了。”

“那么您不洗脸，您就自以为是干净的吗？”诗人回答。

“马雅可夫斯基，您为什么手指上戴戒指？这对您很不合适。”

“照您说，我不该戴在手上，而应该戴在鼻子上喽！”

“马雅可夫斯基，您的诗不能使人沸腾，不能使人燃烧，不能感染人。”

“我的诗不是大海，不是火炉，不是鼠疫。”

马雅可夫斯基在与这些个别观众的交战中，既驳斥了对方无理取闹的言行，也有力地维护了自己的立场和尊严。

然而，有时反击这种不适当的言行，也不宜锋芒太露，旁敲侧击，指桑骂槐。

有个叫比尔的人，常以愚弄他人而自得。一天早上，他坐在门口吃面包，看见杰克逊大爷骑着毛驴从远处哼呀哼呀地走了过来，于是他就喊道：“喂，吃块面包吧！”

大爷出于礼貌，从驴背上跳下来说：“谢谢您的好意。我已经吃过早饭了。”

比尔却一本正经地说：“我没问你呀，我问的是毛驴。”说完，很得意地一笑。

对比尔这一无礼侮辱，杰克逊大爷十分气愤，却又无法责骂这个无赖。他抓住比尔“我和毛驴说话”的破绽，狠狠地进行了反击：

他猛然地转过身，“啪，啪”照准毛驴脸上就是两巴掌，骂道：“出门时我就问你城里有没有朋友，你斩钉截铁地说没有，没有朋友为什么人家会请你吃面包呢？”

“啪，啪”，他对准驴屁股又是两鞭，说：“看你以后还敢不敢乱说？”骂完，翻身上驴，扬长而去。

大爷借教训毛驴来嘲笑无赖已和毛驴建立了“朋友”关系，使他有苦难言，无辫子可抓，幽默地反击了比尔的挑衅。

总之，对于故意寻衅的敌人和尖酸刻薄的语言，我们一定要学会恰当地反击，而不能一味地忍让和宽厚下去，让小人得意。

正话反说让谬论不攻自破

面对别人不适当的言行，有时候不宜直接回击，而将正话反说，委婉地点拨对方，则既能够巧妙地表明自己的态度，又能避免伤害对方，造成过分尴尬的局面。

楚庄王的一匹爱马死了，他非常伤心，下令用上等棺木，行大夫礼节厚葬。文臣武将纷纷劝阻也无济于事，最后楚庄王还下决心说："谁敢再劝阻，一定要杀死他。"

很明显，不论怎样改头换面，只要一说"不"，必是自取其辱。优孟知道了，直入宫门，仰天大哭，倒把庄王弄得异常纳闷，迫不及待地问他是怎么回事。优孟说："那马是大王最喜欢的，却要以大夫的礼节安葬它，太寒酸了，请用君王的礼节吧！"庄王越发想知道理由了，优孟继续说："请以美玉雕成棺……让各国使节共同举哀，以最高的礼仪祭祀它。让各国诸侯听到后，都知道大王以人为贱而以马为贵啊。"至此庄王恍然大悟，赶紧请教优孟如何弥补自己的过失。终于将马交付庖厨，烹而食之。

以优孟地位之微，如果直陈利弊，凛然赴义，固然令人肃然起敬。但最终的结果却实在难以令人想象，而他正话反说，却能巧妙地达到了自己的目的。

反语是语言艺术中的迂回术。正话反说以彻底的委婉，欲擒故纵，取得合适的说话角度，达到比直言陈说更为有效的说服效果。

齐国有一个人得罪了齐景公，齐景公大怒，命人将这个胆大包天的人绑在了殿下，要召集左右武士来肢解这个人。为了防止别人干预他这次杀人举动，他甚至下令："有敢于劝谏者，也定斩不误。"文武百官见国王发了这么大的火，谁还敢上前白讨杀头之冤。晏子见武士们要对那人杀头肢解，急忙上前说："让我先试第一刀。"众人都觉得十分奇怪：晏相国平时是从不亲手杀人的，今天怎么啦？只见晏子左手抓着那个人的头，右手磨着刀，突然仰面向坐在一旁的齐景公问道："古代贤明的君主要肢解人，你知道是从哪里开始下刀吗？"齐景公赶忙离开坐席，一边摇手一边说："别动手，别动手，把这人放了吧，过错在寡人。"那个人早已吓得半死，等他从惊悸中恢复过来，真不敢相信头还在自己身上，连忙向晏子磕了三个大响头，死里逃生般地走了。

我们发现，正话反说可以放大荒谬，让人更为明白地见到了荒谬的真面目，从而达到了更好的劝谏效果。

总之，说反话的效果源于它的"显微镜"作用，荒谬之上再加上更荒谬，则荒谬就无处躲藏，显而易见了。

从另一个角度去评判事物

有些时候，我们很难用简单的对与错来衡量某一事情。看问题的角度不一样，结果也就不一样。当一个人面对严重的难题时，如果他能够从别人的角度来看待事情，原本疑惑不解的问题可能就变得豁然开朗，他的说话方式也会自然地改变。

生活中有时会发生这样的事：他即使真的错了，也不一定承认。在这种情况下，责备他是没有用的，甚至会起相反的作用。你应该了解他，这才是最聪明的做法。

对方为何会这样，其中一定自有他的道理。探寻出其中隐藏的原因来，你便了解了他，了解了他的个性，这才是解答他的钥匙。

纽约州汉普斯特市的山姆·道格拉斯，过去经常抱怨太太把过多的时间都用在修理草坪上了：他太太一周至少去草坪拔草、施肥和剪草两次。而道格拉斯却认为草坪和四年前刚搬来时一样，并未变好。当他把这话说给太太听时，自然就破坏了他们的夫妻感情。

后来道格拉斯认识到了自己的愚蠢。他试着从太太的角度考虑：她确实喜欢草坪，是因为她从中找到了乐趣。于是道格拉斯决心改变自己。

一天晚饭后，太太又去修理草坪，道格拉斯也跟了出去，帮助太太一起除草、施肥，他们边干活，边愉快地谈话，他的太太非常高兴。

从此他经常帮助太太修理草坪，并称赞她干得好，草坪比以前好看多了。

于是，夫妻间的感情日益加深。

肯尼迪·古迪的《怎样让人们变成黄金》一书中有这样一段发人深省的话："停下来，用数秒的时间比较一下，你是如何关心自己的事情和关心他人的事情的，就会理解别人也和你一样。而一旦你掌握了这个诀窍，你就会像罗斯福和林肯一样，拥有了做任何事的坚实基础。总之，和别人相处的关系怎样，完全取决于你在多大程度上替别人着想了。"

无独有偶，古拉得·力伊帕也和古迪有相同的观点。他在《进入别人的内心世界》一书中，也有类似的一段话："把别人的感觉和观念与自己的感觉和观念置于相同的位置，并把它表现出来，这样谈话的气氛就会融洽起来。当你在听别人谈话时，要根据对方的意思来准备自己将要说的话，那样，由于你已理解和认同了他的观点，他也就会理解和认同你的观点。"

哈佛商学院特哈姆说："在与人谈话前，我情愿用两个小时的时间在他的办公室前的人行道上散步，而不愿在还没有清晰的想法，不知该如何说，并且不了解对方，没有充分准备答案的情况下，直接去他的办公室。”

如果你永远都能按照对方的观点去想，从他人的立场出发，这就足够成为你一生中一个新的里程碑。

认识别人，被别人认识，认识自己，用一颗真诚的心将三者统一。把自己当成别人，关键的在于认识自己，弄懂了这个意思，也许不需要华丽的语言，你的话语便会充满力量。

小心“祸从口出”

有句老话叫做“祸从口出”，为人处世一定要把好口风，什么话能说，什么话不能说，什么话可信，什么话不可信，都要在脑子里多绕几个弯子。

随便说话的害处是非常多的。比如某君有不可告人的隐私，你说话时偏偏在无意中说到他的隐私，说者无心，听者有意，他会认为你是有意跟他过不去，从此对你恨之入骨。他做的事，别有用心，极力掩饰不使人知，如果被你知道了，必然对你非常不利。

如果你与对方非常熟悉，绝对不能向他表明你绝不泄密，那将会自找麻烦。

唯一可行的办法，只有假装不知，若无其事；他有阴谋诡计，你却参与其中，代为决策，帮他执行，从乐观的方面来说，你是他的心腹，而从悲观的方面来说，你是他的心腹之患。

你有得意的事，就该与得意的人谈；你有失意的事，应该和失意的人谈。说话时一定要掌握好时机和火候。不然的话，一定会碰一鼻子灰，不但目的达不到，而遭冷遇、受申斥也是意料中的事。有些奸佞小人，巧妙地利用了别人在说话时机、场合上的失误，拿他人当枪使，以达到损人利己的目的。

害人之心不可有，防人之心不可无。一旦中了小人的圈套为其利用，后悔就来不及了！

每个人都有自己的秘密，都有一些压在心里不愿为人知的事情。同事之间，哪怕感情不错，也不要随便把你的事情、你的秘密告诉对方，这是一个不容忽视的问题。

你的秘密可能是私事，也可能与公司的事有关，如果你无意之中说给了同事，很快，这些秘密就不再是秘密了。它会成为公司上下人人皆知的故事。这样，对你极为不利，至少会让同事多多少少对你产生一点“疑问”，而对你的形象造成伤害。

还有，你的秘密，一旦告诉的是一个别有用心的人。他虽然不可能在公司进行传播，但在关键时刻，他会拿出你的秘密作为武器回击你，使你在竞争中失败。因为一般说来，个人的秘密大多是一些不甚体面、不甚光彩甚至是有很大污点的事情。这个把柄若让人抓住，你的竞争力就会大大地削弱了。

小窦是某唱片公司的业务员，他因工作认真、勤于思考，业绩良好被公司确定为中层后备干部候选人。只因他无意间透露了一个属于自己的秘密而被竞争对手击败，终于没被重用。

小窦和同事李为私交甚好，常在一起喝酒聊天。一个周末，他备了一些酒菜约了李为在宿舍里共饮。俩人酒越喝越多，话越说越多。已微醉的小窦向李为说了一件他对任何人也没有说过的事：

“我高中毕业后没考上大学，有一段时间没事干，心情特别不好。有一次和几个哥们喝了些酒，回家时看见路边停着一辆摩托车，一见四周无人，一个朋友撬开锁，由我把车给开走了。后来，那朋友盗窃时被逮住，送到了派出所，供出了我。结果我被判了刑。刑满后我四处找工作，但都没人要。没办法，经朋友介绍我才来到厦门。不管咋说，现在咱得珍惜，得给公司好好干。”

小窦到公司三年后，公司根据他的表现和业绩，把他和李为确定为业务部副经理候选人。总经理找他谈话时，他表示一定加倍努力，不辜负领导的厚望。谁知道，没过两天，公司人事部突然宣布李为升任业务部副经理，小窦调出业务部另行安排工作岗位。

事后，小窦才从人事部了解到是李为从中捣鬼。原来，在候选人名单确定后，李为便找到总经理办公室，向总经理谈了小窦曾被判刑坐牢的事。不难想象，一个曾经犯过法的人，老板怎么会重用呢？尽管你现在表现得不错，可历史上那个污点是怎么也不会擦洗干净的。

知道真相后，小窦又气又恨又无奈，只得接受调遣，去了不怎么重要的部门上班。

所以说，只有恰到好处地把握说话的分寸，才会在与人交往的过程中做到游刃有余，而且也避免给自己招致祸端。